3D-FRAKTALE

Stereoskopische Visualisierung von
selbstähnlichen geometrischen Mustern

Robert Sturm

V Vorwort

In zahlreichen Monografien, welche vom Autor in der näheren Vergangenheit publiziert worden waren, konnte bereits mehrfach auf das Potenzial der Stereoskopie in verschiedenen wissenschaftlichen Disziplinen hingewiesen werden. So vermag das optische Verfahren zur Herstellung von Raumbildern in den Naturwissenschaften eine ebenso breite Anwendung wie in der Archäologie, in der Kunstgeschichte oder in der Architektur zu finden. Anhand zahlreicher Forschungspublikation (siehe auch Literaturverzeichnis) konnte der Nachweis dafür erbracht werden, dass das Raumbild seinen sinnvollen Beitrag zur Klärung diverser wissenschaftlicher Fragestellungen leisten kann. Noch besteht jedoch keine Klarheit darüber, wo das stereoskopische Verfahren in zehn Jahren stehen wird und ob ihm bis dahin eine dauerhafte Etablierung im wissenschaftlichen Methodenkanon gelungen sein wird.

In der Vergangenheit konnte demonstriert werden, dass die Stereoskopie auch in der Mathematik eine gewisse Daseinsbereichtigung besitzt, wobei sich insbesondere die Chaostheorie und Fraktalgeometrie als vorzügliche Anwendungsbereiche herauszukristallisieren scheinen. Im vorliegenden Buch soll im Detail auf das Zusammenwirken zwischen fraktaler Geometrie und räumlicher Visualisierung eingegangen werden. Dabei wird eine klare Herausarbeitung der Tatsache, wonach das Raumbild zusätzliche Information zum Fraktalgebilde zu liefern vermag, angestrebt. Die Monografie unternimmt den ambitionier-

3

Vten Versuch, einer vorwiegend mathematisch gebildeten Leserschaft die Anwendung einer physikalischen Methode und deren Zweckmäßigkeit nahezubringen. Natürlich richtet sich die Publikation nicht nur an jene Menschen, welche in direktem Bezug zur Mathematik stehen, sondern auch an all jene Leser und Leserinnen, die von der Faszination des 3D-Bildes gepackt werden.

Das Buch gliedert sich in einen Einleitungsteil, in welchem eine kurze Beschreibung der Grundprinzipien der Fraktalgeometrie erfolgt, ein Kapitel zu den räumlichen Fraktalen, einen Methodenteil und den Bildkatalog. Letzterer umfasst eine Vielzahl an Bildbeispielen mit entsprechenden räumlichen Darstellungen unterschiedlicher Fraktalgebilde, für deren Betrachtung eine Rot-Cyan-Farbbrille heranzuziehen ist. Diese kann im Internet zu einem niedrigen Stückpreis bezogen oder alternativ auch selbst hergestellt werden.

Robert Sturm, Herbst 2020

Es gibt nichts Anthropomorpheres als die gerade Linie.

Paul Valéry

I Inhaltsverzeichnis

1 Einleitung

1.1 Der Begriff des Fraktals

Der Begriff Fraktal leitet sich im Allgemeinen von den lateinischen Wörtern *fractus* (gebrochen) und *frangere* ([in Stücke zer-]brechen) ab und geht auf den französischen Mathematiker Benoît Mandelbrot zurück. Er repräsentiert bestimmte natürliche oder künstliche Gebilde sowie geometrische Muster unterschiedlicher Komplexität, welche sich durch eine nicht der Menge der Ganzen Zahlen zugehörige Hausdorff-Dimension (s. u.) auszeichnen. Das Auftreten der gebrochenen Dimension spiegelt sich gerade im Namen der einzelnen Objekte wider. Fraktale sind durch einen hohen Grad der Selbstähnlichkeit (Skaleninvarianz) charakterisiert, was bedeutet, dass sie unabhängig vom verwendeten Maßstab stets dieselben Muster aufweisen [1-5].

Jenes Teilgebiet der Mathematik, welches sich mit Fraktalen und deren Gesetzmäßigkeiten beschäftigt, wird gemeinhin als fraktale Geometrie bezeichnet. Diese steht in enger Verbindung mit zahlreichen anderen mathematischen Bereichen (z. B. dynamische Systeme, Funktionentheorie, Berechenbarkeitstheorie), die allesamt Unterstützung bei der Erstellung diverser Definitionen und Formalismen bieten. Die fraktale Geometrie gilt als Erweiterung der klassischen euklidischen Geometrie, da sie die dort zur Anwendung gebrachten natürlichen Dimensionen durch die schon erwähnten gebrochenen ergänzt [6-10].

6

1 Um ein besseres Verständnis von der fraktalen Dimension einerseits und der Selbstähnlichkeit andererseits zu erlangen, bedient man sich zunächst der Grundlagen der traditionellen Geometrie. Dort nämlich wird eine Linie als eindimensional, eine Fläche als zweidimensional und ein Körper oder räumliches Gebilde als dreidimensional angesehen. Im Falle einer fraktalen Menge, wie sie beispielsweise durch die Mandelbrotmenge oder Julia-Menge (Abb. 1) repräsentiert wird, stößt die unmittelbare Angabe der Dimensionalität an ihre Grenzen. Eine in großer Zahl auf ein fraktales Linienmuster angewandte Rechenoperation hat nämlich eine kontinuierliche Füllung der Zeichenfläche mit entsprechenden Linien zur Folge, wodurch sich letztendlich ein eindimensionales Gebilde (Linie) einem zweidimensionalen (Ebene) annähert [1, 2].

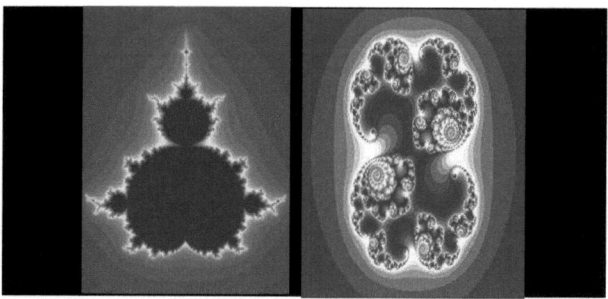

Abb. 1. Beispiele für fraktale Mengen mit gebrochener Dimensionalität: links – Mandelbrotmenge, rechts – Julia-Menge.

Bereits Benoît Mandelbrot stellte in seiner im Jahre 1975 erschienenen Monografie zu den Fraktalen fest, dass die auf Basis von fraktalen Mengen konstruierbaren geome-

1 trischen Gebilde in der Regel eine nicht-ganzzahlige Dimension (fraktale Dimension) aufweisen. Zur Präsentation einer Grunddefinition für das Fraktal ist es zunächst notwendig, sich etwas eingehender mit den Begriffen der Hausdorff-Dimension und Lebesgue-Überdeckungsdimension auseinanderzusetzen. Die nach Felix Hausdorff benannte Dimension bietet dem Mathematiker die Möglichkeit, beliebigen metrischen Räumen eine Dimension zuzuordnen. Bei einfachen geometrischen Objekten zeichnet sich ihr Wert durch eine Übereinstimmung mit dem des gewöhnlichen Dimensionsbegriffs aus. Die Hausdorff-Dimension vermag jedoch auch rationale oder irrationale Werte anzunehmen. Für eine vereinfachte Definition der Größe betrachtet man die Anzahl N der Kugeln mit dem Radius R, die mindestens erforderlich ist, um eine Punktmenge endlicher Ausdehnung im dreidimensionalen Raum abzudecken. Diese Mindestzahl wird durch eine Funktion $N(R)$ des Radius dargestellt, wobei folgender Zusammenhang gilt:

$$N(R) \sim 1/R^D.$$

In der obigen Formel steht D gerade für die Hausdorff-Dimension, welche sich wie folgt explizieren lässt:

$$D = -\lim_{R \to 0}(\log N/\log R).$$

Betrachtet man zunächst eine gewöhnliche endliche Kurve, so wächst die Zahl der Kugeln umgekehrt proportional zum Kugelradius, womit sich die Hausdorff-Dimension D = 1 ergibt. Im Falle einer gewöhnlichen endlichen Fläche steigt die Zahl der Kugeln hingegen proportional zu $1/R^2$ an, woraus letztendlich D = 2 resultiert [5-8].

Setzt sich ein geometrisches Objekt aus n disjunkten Teilobjekten zusammen, welche im Maßstab **1 : m** verkleinerte Kopien des Gesamtobjektes repräsentieren, erhält man für die Hausdorff-Dimension folgenden mathematischen Ausdruck:

$$D = \log n / \log m.$$

Besitzen die n Teilobjekte unterschiedliche Größe, so lässt sich D durch die Gleichung

$$1/m_1^D + 1/m_2^D + \dots + 1/m_n^D = 1$$

darstellen, in welcher $1/m_i$ ($i = 1, \dots, n$) den einzelnen Maßstäben entspricht. Aufgrund der Verwendung von ähnlichen Teilobjekten ist hier auch oftmals der Begriff der Ähnlichkeitsdimension gebräuchlich [11, 12].

Einige Beispiele zur Berechnung der Hausdorff-Dimension auf Basis des oben vorgestellten Prinzips der Teilobjekte sind in Abb. 2 zusammengefasst. Ein gleichseitiges Dreieck, das sich aus 9 ebenfalls gleichseitigen Dreiecken mit 1/3 Seitenlänge zusammensetzt, besitzt den obigen Überlegungen zufolge die Hausdorff-Dimension $D = \log 9 / \log 3 = 2$. Die Koch-Kurve, bei der sich ein Segment jeweils aus 4 im Maßstab 1 : 3 verkleinerten linearen Teilobjekten zusammensetzt, verfügt über eine Hausdorff-Dimension $D = \log 4 / \log 3 = 1{,}2618595$ [9, 10].

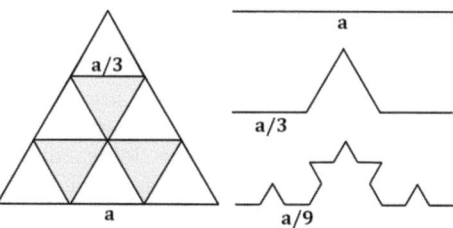

Abb. 2. Einfache Beispiele zur Berechnung der Hausdorff-Dimension auf der Basis von n disjunkten Teilobjekten mit dem Maßstab $1 : m$. Links - Dreieck, rechts - Koch-Kurve.

1 Richtet man sein Augenmerk in weiterer Folge auf reale Strukturen, wie sie beispielsweise in biologischen Systemen auftreten, so erhält die Frage der fraktalen Dimension eine neue Qualität. Dieser Sachverhalt lässt sich etwa am Beispiel diffusionsgesteuerter Wachstumsprozesse zur Darstellung bringen. Gemäß dem von Witten & Sander entwickelten Algorithmus wird ein Teilchen im Ursprung eines Koordinatensystems fixiert. Ein zweites Partikel wird nun von einem zufällig ausgewählten Punkt, welcher sich auf einem um den Ursprung gezogenen Kreis befindet, entlang eines Zufallspfades transportiert, bis es den Keim im Ursprung erreicht. Dieser zufallsbasierte Diffusionsprozess wird beliebig oft wiederholt. Während sich die ersten Partikel noch an den verschiedenen Seiten des Keims anzulagern vermögen und dadurch entsprechende Fortsätze ausbilden, bleiben spätere Partikel an diesen Fortsätzen hängen, so dass sich letztendlich eine dendritische Struktur ergibt (Abb. 3) [7, 9-12].

 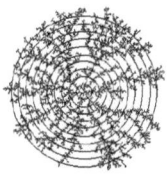 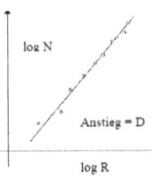

Abb. 3. Fraktale Dimension komplexerer zweidimensionaler Strukturen. Links - Witten-Sander-Modellcluster, Mitte - Zählmethode zur Berechnung der fraktalen Dimension, rechts - Ausgleichsgerade zur Ermittlung von *D*.

Der durch den oben geschilderten Zufallsprozess entstehende Cluster zeichnet sich insofern durch eine Skaleninvarianz aus, als durch zahlreiche Ausschnittsvergröße-

1

rungen hindurch statistisch ähnliche Äste auftreten. Für die Berechnung der fraktalen Dimension D gelangt in der Regel das sogenannte box-counting-Verfahren zur Anwendung. Als mathematische Basis für diese Methode gilt der für Fraktale typische Zusammenhang zwischen Masse M (Zahl der Partikel) eines (Flächen-)Ausschnitts der Größe R (konkret: konzentrische Kreisscheiben um den Ursprung mit dem Radius R) und der Dimension D ($M \sim R^D$). Diese Relation weist in der Regel eine Unabhängigkeit von R auf. In weiterer Folge wird die Masse M beziehungsweise Teilchenzahl N gegen den Radius R doppellogarithmisch aufgetragen. Durch die in das Diagramm geplotteten Punkte wird sodann eine Ausgleichsgerade gelegt, deren Steigung gerade der fraktalen Dimension entspricht (Abb. 3). Der auf die Ebene beschränkte Witten-Sander-Modellcluster verfügt im konkreten Fall über einen Wert für D von 1,7, wohingegen die im Raum entwickelte Struktur einen Wert für D von 2,5 liefert [9].

Etwas komplexer gestaltet sich freilich die Erklärung der Lebesgue-Überdeckungdimension. Diese repräsentiert nämlich eine topologische Charakterisierung der Dimension. Ihre mathematische Definition liest sich folgendermaßen: „Ein topologischer Raum X hat die Dimension n, wenn n die kleinste natürliche Zahl ist, derart dass es zu jeder offenen Überdeckung $(U_i)_i$ eine feinere offene Überdeckung $(V_j)_j$ gibt, so dass jeder Punkt von X in höchstens $n + 1$ Mengen V_j liegt. Gibt es kein solches n, so heißt X von unendlicher Dimension." Im Zusammenhang mit dieser Definition ist festzuhalten, dass es sich bei $(U_i)_i$ gerade dann um eine offene Überdeckung von X handelt, wenn jedes U_i offen und X die Vereinigung aller U_i ist. Die Überdeckung $(V_j)_j$ heißt feiner als $(U_i)_i$, wenn jedes V_j in irgendeinem U_i enthalten ist. Die Lebesgue-Überdeckungsdimension stellt eine topologische Invariante dar, bei der homöomorphe Räume dieselbe Dimension besitzen.

Betrachtet man als einfaches Beispiel zunächst eine Strecke (z. B. [0, 1]), so kann man stets beliebig feine offene Überdeckungen finden, bei denen sich höchstens je zwei Mengen schneiden. Dadurch erhält man eine Lebesgue-Überdeckungsdimension ≤ 1 (Abb. 4). Da die Strecke ohne die Überschneidungen nicht zusammenhängend sein kann, ist die Dimension sogar = 1 [9, 10, 12, 13].

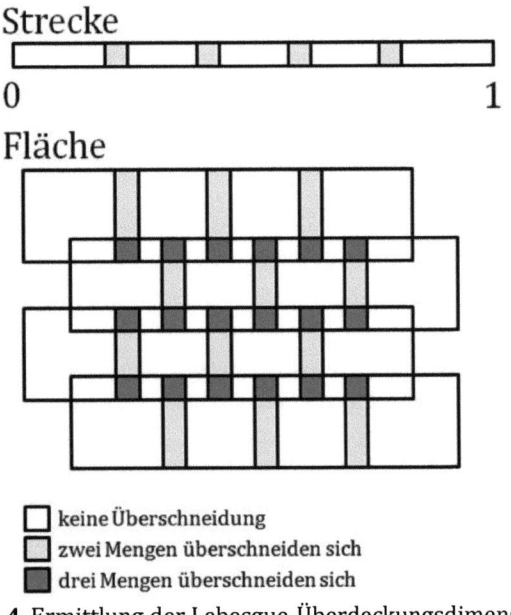

Abb. 4. Ermittlung der Lebesgue-Überdeckungsdimension für eine Strecke (oben) und eine beliebige Fläche (unten).

1

Im Falle von ebenen Figuren wie beispielsweise Rechtecken treten stets beliebig feine Überdeckungen auf, bei denen jeder Punkt in höchstens drei Mengen enthalten ist. Dadurch ergibt sich für die Dimension ein Wert ≤ 2 (Abb. 4). Die oben getätigten Erklärungen lassen sich im Allgemeinen recht leicht verallgemeinern, so dass etwa eine Kugel in $\mathbb{R}^n$ die Dimension $\leq n$ besitzt. Für den Nachweis der Gleichheit ist ein auf kombinatorischen Argumenten basierender Beweis durchzuführen.

Kehrt man nun wieder zur Grunddefinition des Fraktals zurück, so gestaltet sich diese unter Berücksichtigung der bisherigen Überlegungen wie folgt:

> „Ein Fraktal ist eine Menge, deren Hausdorff-Dimension stets größer als deren Lebesgue-Überdeckungsdimension ist."

Diese Definition besagt letztlich nichts anderes, als dass jede Menge mit nicht-ganzzahliger Dimension ein Fraktal darstellt. Die Umkehrung der Definition, wonach jedes Fraktal eine nicht-ganzzahlige Dimension besitzt, gilt jedoch nicht. Dies bedeutet freilich, dass Fraktale auch ganzzahlige Dimensionswerte annehmen können (z. B. Sierpinski-Pyramide). Setzt sich ein Fraktal aufgrund des Prinzips der Selbstähnlichkeit aus einer bestimmten Anzahl verkleinerter Kopien mit konstantem Maßstabsfaktor zusammen, so findet oftmals auch der Begriff der Ähnlichkeitsdimension seine Verwendung, welche jedoch in Bezug auf ihren Zahlenwert mit der oben erläuterten Hausdorff-Dimension übereinstimmt. Die Selbstähnlichkeit kann nicht nur im konstruktiven, sondern auch im statistischen Sinn bestehen (z. B. Witten-Sander-Modellcluster), wodurch sich ein sogenanntes Zufallsfraktal ergibt [7, 8].

1

1.2 Verschiedene Fraktale und ihre Erzeugung

Auf einfache Linienfraktale wie die Koch-Kurve wurde bereits bei der Ermittlung der Hausdorff-Dimension kurz eingegangen. Deren Selbstähnlichkeit entsteht dadurch, dass dasselbe Strukturelement durch alle Maßstäbe hindurch wiederholt wird. Als Ausgangspunkt eines derartigen Fraktals gilt stets ein euklidisches Grundelement, welches als Initiator bezeichnet wird und zum Beispiel eine simple Linie oder ein Quadrat sein kann. Aus dem Initiator wird durch eine zumeist sehr einfache Vorschrift ein sogenannter Generator geformt, der seinerseits auf den Initiator rückwirkt und diesen zu verformen vermag. Auf das neu entstandene Gebilde wird der Generator nochmals angewandt. Mit jeder dieser Iterationen nimmt die Detailliertheit der erzeugten fraktalen Struktur zu, aber auch deren Länge erfährt eine kontinuierliche Steigerung (Abb. 5) [1-5].

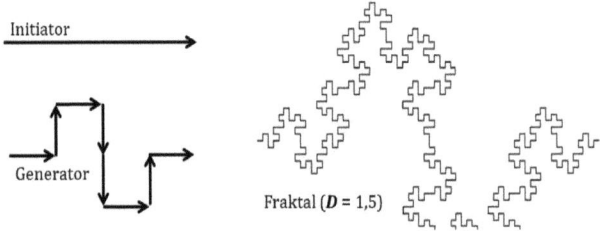

Abb. 5. Erzeugung eines einfachen Linienfraktals nach dem Initiator-Generator Prinzip mit simpler Vorschrift zur Anordnung einzelner Liniensegmente. Die Hausdorff-Dimension des betreffenden Gebildes beträgt 1,5.

Trotzdem sich der Algorithmus eines Linienfraktals in Bezug auf seine Beschreibung und Erzeugung oftmals sehr einfach gestaltet, existiert kein analytischer Ausdruck zur Bestimmung einzelner Kurvenpunkte. Dieser Sachverhalt stellt eine für fraktale Strukturen typische Eigenschaft dar. Die ganze Einfachheit, welche hinter der Generierung eines fraktalen Gebildes steht, erinnert gewissermaßen an die Bildung eines Kristallgitters, wobei die Translationsinvarianz des Gitters der Skaleninvarianz des Fraktals entspricht. Wenn man diesen Gedanken weiterspinnt, könnte man die Skaleninvarianz als eine Symmetrieeigenschaft einer für gewöhnlich unsymmetrischen und ungeordneten Struktur verstehen.

Als zwei weitere interessante Linienfraktale sind die Koch-Schneeflocke und der Pythagoras-Baum anzusehen (Abb. 6). Erstere Struktur entsteht dadurch, dass man auf alle Seiten eines als Initiator dienenden gleichseitigen Dreiecks den Koch-Generator (Abb. 2) nach innen wirken lässt. Beim Pythagoras-Baum hingegen geht man von einer hausförmigen Figur als Initiator aus, auf deren Dachschrägen jeweils verkleinerte Häuser aufgesetzt werden [8, 9].

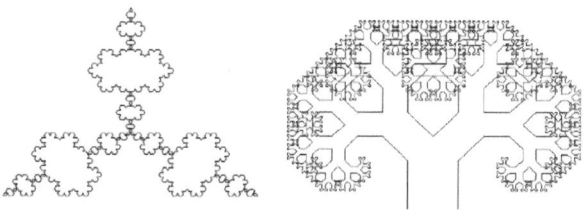

Abb. 6. Weitere interessante Linienfraktale, deren Erzeugung nach dem Initiator-Generator-Prinzip erfolgt: Links - Koch-Schneeflocke, rechts - Pythagoras-Baum.

1 Dendritische Wachstumsfraktale, deren Erzeugung nach dem Zufallspfadprinzip erfolgt, wurden bereits im vorangegangenen Kapitel ausführlich dargelegt. Derartige Strukturen spielen vor allem in diffusionsbasierten biologischen Systemen eine zum Teil außerordentlich wichtige Rolle. Wachstumsfraktale werden aufgrund ihres nach probabilistischen Regeln ablaufenden Konstruktionsprinzips auch häufig mit dem Terminus „Zufallsfraktale" versehen. Neben dem diffusionsbegrenzten Wachstum gibt es in dieser Kategorie noch das sogenannte Tumorwachstum, bei dem Strukturen mit runder Form entstehen. Wenn die probabilistischen Konstruktionsregeln nicht konstant sind, sondern beispielsweise von der Entfernung von einem zentralen Punkt des erzeugten Aggregats abhängen, kommt es in der Regel zur Bildung sogenannter Multifraktale [9, 10, 14].

Als weitere Grundlage für die Erzeugung fraktaler Strukturen gelten iterierte Funktionensysteme. Betrachtet man den allseits bekannten Sierpinski-Teppich, so können für dessen Erzeugung verschiedene Rekursionsverfahren zur Anwendung gebracht werden. So kann dieses Gebilde gleichermaßen nach dem Initiator-Generator-Prinzip, nach einem Verfahren mit sukzessivem Herausschneiden von Dreiecken und dem von Michael Barnsley vorgeschlagenen Chaosspiel generiert werden (Abb. 7). Bei der letztgenannten Methode bedient man sich eines Würfels, wobei die drei Eckpunkte eines gleichseitigen Dreiecks und ein beliebiger weiterer Punkt in der Ebene als Ausgangspunkte für den Konstruktionsvorgang Verwendung finden. Den Dreieckspunkten A, B und C werden jeweils zwei Augenzahlen des Würfels zugeordnet (z. B.: A ⟶ 1, 6; B ⟶ 2, 5;

C $\longrightarrow$ 3, 4). Die Entfernung zwischen dem beliebigen Startpunkt 0 und dem erwürfelten Dreieckspunkt wird halbiert, wodurch der neue Punkt 1 entsteht. Die Entfernung zwischen diesem Punkt und dem neuen erwürfelten Dreieckspunkt wird wiederum halbiert, was in der Definition des Punktes 2 resultiert. Dieser Vorgang wird mehrere tausend Male wiederholt, so dass sich letztendlich die perfekte Gestalt des Sierpinski-Teppichs herausprägt [14].

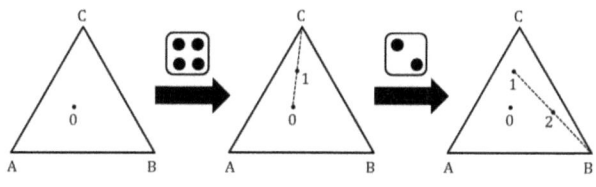

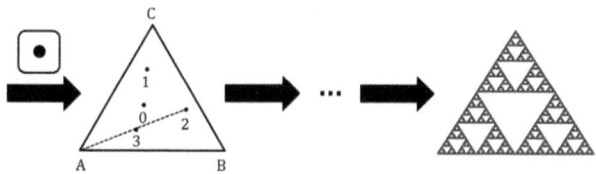

Abb. 7. Erzeugung des Sierpinski-Teppichs nach der Chaosspielmethode von Michael Barnsley. Das endgültige Muster des Fraktals wird erst nach einigen tausend Iterationsschritten sichtbar.

Mithilfe der von Barnsley eingeführten Technik können verschiedenste fraktale Pixelgrafiken auf Basis simpler Codes und zufallsiterierter Algorithmen erzeugt werden. All diese Gebilde werden in der sogenannten Theorie der Iterierten Funktionen-Systeme (IFS) zusammengefasst. Die Hauptaufgabe der modernen IFS-Theorie besteht da-

1 rin, zu einem gegebenen Bild (z. B. fraktale Struktur) ein entsprechendes iterationsbasiertes Funktionen-System zu finden, dessen Limesgestalt möglichst nahe an das Bild heranrückt. Kommt eine derartige Approximation zustande, so können die Parameter der IFS als höchst kompakte Speicherform des Bildes bewertet werden. Dass die IFS auch zur Generierung komplexerer fraktaler Strukturen befähigt sind, lässt sich anhand des sogenannten Farnwedels bezeugen, der seinem natürlichen Vorbild sehr nahe zu kommen vermag (Abb. 8) [9, 10, 14].

Abb. 8. Auf Basis der Theorie der Iterierten Funktionensysteme erzeugter Farnwedel.

Für die Modellierung natürlicher Gebilde wie Pflanzen und Zellstrukturen eignen sich auch die sogenannten L-Systeme, welche auf Ideen von A. Lindenmayer zurückgehen und auf wiederholter Textersetzung beruhen. Als Basis der L-Systeme gilt ein optionales, im Allgemeinen durch eine Strecke repräsentiertes F, das durch eine Anweisungsfolge ersetzt wird. Auch andere groß geschriebene Buchstaben wie R und L stehen für Streckenabschnitte, die im Zuge der gegebenen Vorschrift eine Substitution erfahren. Die beiden Vorzeichen + und – stellen einen bestimmten Winkel dar, der entweder im oder gegen den Uhrzeigersinn aufgetragen wird. Das Symbol | bezeichnet eine Drehung um 180° und entspricht in der Regel einem ganzzahligen Vielfachen des Drehwinkels. Möchte man in weiterer Folge die L-Systeme anhand einfacher Beispiele erörtern, ist der Blick zunächst auf die Koch-Flocke oder Koch-Insel zu richten. Für diese gilt folgende Anweisungsfolge:

$$F--F--F$$
$$F \longrightarrow F+F--F+F$$

Die erste Zeile beschreibt hier die Generierung eines gleichseitigen Dreiecks, wobei das Vorzeichen – einen gegen den Uhrzeigersinn gemessenen 60°-Winkel repräsentiert. In der zweiten Zeile wird die Anweisung zum Ersetzen jeder Dreiecksseite durch vier gleich lange Komponenten gegeben, welche wie bei der in Abb. 2 dargestellten Koch-Kurve angeordnet werden. Das nach vielfacher Iteration erhaltene Resultat erinnert sehr stark an eine hexagonale Schneeflocke und kann demzufolge auch zu deren geometrischer Annäherung verwendet werden [15]. Als ein weiteres simples Anwendungsbeispiel der L-Systeme kann die sogenannte Peano-Kurve gelten, welche nach den folgenden Anweisungen zu generieren ist:

$$F$$
$$F \longrightarrow F-F+F+F+F-F-F-F+F$$

Ausgangsobjekt ist hierbei ein Linienelement, welches in einem weiteren Schritt in neun gleich lange Segmente unterteilt wird. Diese werden in weiterer Folge in der in Abb. 9 zur Darstellung gebrachten Art und Weise angeordnet, wodurch letztlich eine die Fläche ausfüllende Struktur entsteht, deren fraktale Dimension D sich auf 2,0 beläuft [15].

Als letztes Exempel sei eine als „Penta Plexity" bezeichnete fraktale Struktur genannt, welche durch die folgende Konstruktionsvorschrift hergestellt werden kann:

$$F ++ F ++ F ++ F ++ F$$
$$F \longrightarrow F ++ F ++ F \mid F - F ++ F$$

Im ersten Schritt erfolgt in diesem Fall die Erzeugung eines regelmäßigen Pentagons, wobei das positive Vorzeichen eine Drehung um 72° gegen den Uhrzeigersinn repräsentiert. In der zweiten Zeile der Anweisungsfolge wird eine Seite des Fünfecks durch sechs gleichlange Streckenelemente ersetzt, deren Anordnung auf jene in Abb. 9 dargestellte Art und Weise geschieht. Die fraktale Dimension des resultierenden Gebildes beläuft sich auf 1,862 [15, 16].

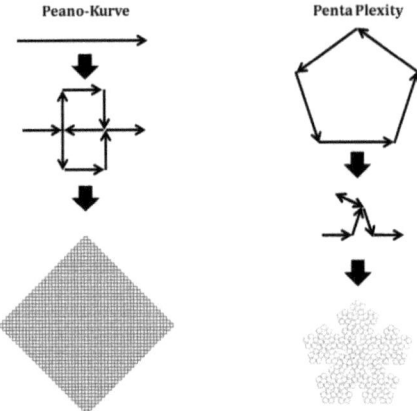

Abb. 9. Beispiele fraktaler Gebilde, welche sich mithilfe der L-Systeme aufbauen lassen: links - Peano-Kurve, rechts - Penta Plexity.

1 Die Erzeugung von Fraktalen kann freilich nicht nur nach geometrischen Vorschriften erfolgen, wie sie anhand etlicher Beispiele oben erläutert wurden, sondern auch als Folge einer (nichtlinearen) mathematischen Abbildung betrachtet werden. Als in diesem Zusammenhang bekanntestes Beispiel gilt die sogenannte Mandelbrot-Menge, welche nach Benoît Mandelbrot benannt ist und durch die Formel

$$z_{n+1} = z_n^2 + c$$

zur Darstellung gebracht werden kann, wobei es sich bei z und c um komplexe Zahlen handelt. Wenn man den Anfangswert $z_0 = 0$ betrachtet und auf alle Werte der durch c aufgespannten Ebene die obige Gleichung anwendet, gelangt man zu der Feststellung, dass das Ergebnis für gewisse c konvergiert und für die restlichen c divergiert. Färbt man die durch Konvergenz gekennzeichneten Punkte schwarz, erhält man schlussendlich das berühmte Apfelmännchen (Abb. 10). Dessen Besonderheit liegt darin, dass es über keine glatten, sondern über fraktale Ränder verfügt, welche den Gesetzmäßigkeiten der Skaleninvarianz unterliegen [7-10].

Abb. 10. Apfelmännchen mit entsprechend vergrößerten Ausschnitten, welche einzelne Julia-Mengen zeigen.

21

1 Die durch das Apfelmännchen verbildlichte Mandelbrot-Menge ist abgeschlossen und kompakt, da sie in der abgeschlossenen Scheibe mit dem Radius 2 um den Ursprung enthalten ist. Ihr ungeheurer Formenreichtum erschließt sich aus ihrem Bezug zu den sogenannten Julia-Mengen (benannt nach dem französischen Mathematiker Gaston Julia), bei denen es sich um besondere Fraktale handelt. Die Besonderheit ist damit zu erklären, dass die fraktalen Strukturen innerhalb einer Julia-Menge stets konstant bleiben, jedoch zwischen verschiedenen Julia-Mengen in ihrer Form sehr stark variieren können. Die Mandelbrot-Menge enthält den kompletten Formenreichtum von unendlich vielen Julia-Mengen [7, 8].

Die fraktalen Strukturen am Rand des Apfelmännchens sind im Wesentlichen dadurch gekennzeichnet, dass sie verkleinerte ungefähre Kopien der gesamten Mandelbrot-Menge, die sogenannten Satelliten, enthalten. Jeder dieser Satelliten ist wiederum mit Satelliten höherer Ordnung bestückt, so dass sich schlussendlich immer eine Stelle finden lässt, an der eine beliebige Anzahl von willkürlichen Strukturen mit zufälliger Reihenfolge zu beobachten ist. Derartige Strukturen sind jedoch nur mehr bei extremen Vergrößerungen erkennbar [1-3].

Die Mandelbrot-Menge ist im Allgemeinen durch eine Spiegelsymmetrie charakterisiert und bildet darüber hinaus keinerlei Inseln aus. Die moderne Mathematik hegt die Vermutung, dass die Menge auch lokal zusammenhängend ist (MLC-Theorie), was jedoch bislang noch nicht bewiesen werden konnte. Bei Gültigkeit der MLC-Theorie würde die sogenannte Hyperbolizitätsvermutung, wonach jede offene Menge in der Mandelbrot-Menge aus Punkten

1 mit attraktiven Zyklen zusammengesetzt ist, Gültigkeit erlangen. Die Mandelbrot-Menge weist zwar eine Selbstähnlichkeit auf, lässt diesbezüglich jedoch jegliche Exaktheit vermissen. In der Nähe zahlreicher Randpunkte entstehen jedoch bei kontinuierlicher Ausschnittvergrößerung im Grenzfall periodische Strukturen.

Die Mandelbrot-Menge beinhaltet im Allgemeinen Kardioid- und Kreisflächen und besitzt demzufolge die fraktale Dimension 2. Ihr Rand verfügt klarerweise über eine unendliche Länge, weshalb seine Hausdorff-Dimension ebenfalls mit 2 zu beziffern ist. Beide Beobachtungen legen nahe, dass sie die Box-Dimension 2 hat. Der Flächeninhalt der Mandelbrot-Menge nimmt vermutlich einen positiven Wert an, wobei dieser numerischen Schätzungen zufolge etwa 1,5065918849 beträgt [4-6].

Die Mandelbrot-Menge gilt als elementares Objekt der Chaostheorie, da ihr die einfachste nichtlineare Gleichung zugrundeliegt, anhand welcher sich der Übergang von Ordnung in Chaos durch Variation eines einzelnen Parameters provozieren lässt. Ihre Bedeutung für die Chaostheorie ist nach Auffassung etlicher Mathematiker vergleichbar mit der von Geraden für die euklidische Geometrie. Während innerhalb der Kardiole eine Konvergenz der durch obige Gleichung erzeugten Folge entsteht, verhält sich selbige Folge auf jedem antennenartigen Fortsatz chaotisch. Der Übergang zu chaotischem Verhalten erfolgt in der Regel über ein Zwischenstadium mit periodischen Grenzzyklen, wobei die Periode zum chaotischen Bereich hin stufenweise um den Faktor 2 zunimmt. Dieses Phänomen wird auch als Periodenverdopplung oder Bifurkation bezeichnet [1-6].

1 Eine weitere, hier nur kurz erwähnte Möglichkeit zur Erzeugung von Fraktalen besteht in der gezielten Verwendung von dynamischen Systemen. Die aus diesen mathematischen Modellen entstehenden fraktalen Gebilde werden häufig auch als sogenannte „seltsame Attraktoren" bezeichnet. Grundsätzlich simuliert ein dynamisches System einen zeitabhängigen Prozess, wobei dieser Vorgang im Falle eines deterministischen Systems homogen in Bezug auf die Zeit ist. Dadurch hängt dessen weiterer Verlauf lediglich vom Anfangszustand, nicht jedoch von der Wahl des Anfangszeitpunktes ab. Grundsätzlich erfolgt eine Unterscheidung zwischen diskreter und kontinuierlicher Zeitentwicklung. In einem zeitdiskreten dynamischen System ändern sich die Zustände in äquidistanten Zeitsprüngen, wohingegen in einem zeitkontinuierlichen dynamischen System entsprechende Zustandsänderungen in infinitesimal kleinen Zeitschritten stattfinden [17].

In der Theorie dynamischer Systeme besteht ein erhöhtes Interesse für das Verhalten von Trajektorien, worunter man die von einem (Massen-)Punkt beschriebenen Bewegungsbahnen versteht. Dabei widmet man sich insbesondere den zu den Limesmengen zählenden Fixpunkten und deren Bewegungspfaden und versucht zudem noch jene Punkte zu eruieren, deren Bahn gegen einen bestimmten Fixpunkt konvergiert. Neben den Fixpunkten sind auch die periodischen Orbits den Limesmengen zuzuordnen. Bei nichtlinearen dynamischen Systemen werden Fixpunkte, periodische Orbits und allgemeine nichtperiodische Grenzmengen mit dem Oberbegriff Attraktor versehen, wobei die bereits erwähnten seltsamen Attraktoren ausführlich von der Chaostheorie untersucht werden [17].

24

1.3 Anwendungsbereiche von Fraktalen

1

Wie im vorangegangenen Abschnitt demonstriert werden konnte, zeichnen sich Fraktale durch ihren enormen Formenreichtum und ihre zum Teil sehr hohe Ästhetik aus. Gerade letztere Eigenschaft hat in der jüngeren Vergangenheit dazu geführt, dass die Fraktalgeometrie ihre Aufnahme in der digitalen Kunst erfuhr und dort mit dem neu geschaffenen Genre der Fraktalkunst zur Präsentation gelangte. Auch bei der Computersimulation formenreicher Strukturen (Küstenlinien, Landschaften, Wolken usw.) findet die Fraktalgeometrie ihren oftmaligen Einsatz. Die Funktechnik nutzt sogenannte Fraktalantennen zum Empfang verschiedener Frequenzbereiche [1-10, 17, 18].

Fraktale Erscheinungsformen treten auch in der Natur auf, wobei jedoch die Anzahl der Stufen von selbstähnlichen Strukturen begrenzt ist und in der Regel zwischen 3 und 5 schwankt. In der Biologie ist insbesondere auf die fraktale Geometrie des Romanesco, einer speziellen Blumenkohlzüchtung, hinzuweisen, aber auch Farne sind bei genauerem Hinsehen fraktal organisiert (vgl. Abb. 8). Fraktale Strukturen, welche durch keine strenge, sondern lediglich durch eine statistische Skaleninvarianz gekennzeichnet sind, verfügen in der Natur über eine weite Verbreitung. So zählen zu diesen Gebilden beispielsweise Bäume, das Atemwegssystem, Blutgefäße, Flusssysteme und Küstenlinien. Gerade anhand des zuletzt genannten Beispiels wird deutlich, dass eine exakte Längenbestimmung unmöglich ist, da die Länge eines mathematischen Fraktals unbegrenzt ist.

1

Fraktale dienen in manchen Fällen auch als Erklärungsmodelle für chemische Reaktionen. Auch im Kristallwachstum und bei der Entstehung von Mischungen findet man häufig fraktale Strukturen. Bringt man beispielsweise eine niedrig viskose Flüssigkeit (Wasser) mit einer Flüssigkeit höherer Viskosität (Öl) zusammen, so kommt es zur Entstehung dendritischer Verästelungen, deren systematische Untersuchung mithilfe der radialen Hele-Shaw-Zelle gelingt. Diese setzt sich aus zwei an den Rändern zusammengeschraubten, durchsichtigen Platten zusammen, von denen die obere im Zentrum ein kleines Loch enthält. Presst man die beiden Flüssigkeiten mit einer Einwegspritze nacheinander in dieses Loch, erfolgt die Entstehung besagter Verästelungsstruktur (Abb. 11). Die fraktale Dimension der Struktur lässt sich auf gleiche Art und Weise wie bei den Witten-Sander-Modellclustern (Abb. 3) bestimmen [9, 10, 17, 18].

Abb. 11. Verschiedene fraktalgeometrische, in der Hele-Shaw-Zelle hergestellte Muster. Links - Mischung von gefärbtem Wasser mit flüssiger Seife, rechts - Mischung von gefärbtem Wasser mit Rizinusöl.

1 Ähnlich wie mit den oben beschriebenen Viskositätsstrukturen verhält es sich mit den sogenannten Lichtenberg-Figuren, welche die regellose Anordnung von kleinsten Partikeln beschreiben. Bestreut man eine isolierende Unterlage mit feinem Pulver und legt diese auf eine geerdete Metallplatte, so entstehen bei kurzzeitiger Einführung einer Spitzenelektrode in den Teilchenhaufen Staubfiguren, die den Witten-Sander-Dendriten täuschend ähnlich sehen (Abb. 12). Eine moderne Variante der Lichtenberg-Figur entsteht bei Beschuss einer Plexiglasplatte mit energiereichen Elektronen [9, 10].

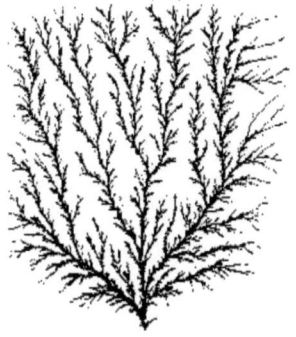

Abb. 12. Moderne Lichtenberg-Figur, welche durch Beschuss einer Plexiglasplatte mit Elektronen hoher Energie entsteht.

Ein weiteres, vor allem in der Schulphysik bekanntes Fraktalgebilde erhält man dadurch, dass ein am Innenrand mit einer geerdeten Elektrode versehenes Glasschälchen mit Rizinusöl befüllt und darin kleine Stahlkügelchen verteilt werden. Gibt man über die Mitte des Schälchens eine Spitzelektrode, an welche eine Spannung von 15 bis 20 kV angelegt wird, so kommt es innerhalb kurzer Zeit zur Bildung einer baumartig verzweigten dendritischen Struktur.

1.4 Nichtlineare Systeme und Chaos

1

Die fraktale Geometrie besitzt überall dort eine übergeordnete Bedeutung, wo ein komplexes System seinen Übergang vom regulären zum chaotischen Verhalten erfährt. Betrachtet man beispielsweise die ungedämpfte und gedämpfte Schwingung eines Federpendels, so kommt es zu einer Transformation einer Bewegung mit konstanter Amplitude zu einer Bewegung, deren Amplitude immer wieder verändert wird und ein sogenanntes chaotisches Band bildet. Chaotische Bänder werden stets von Fenstern mit geordnetem Verhalten unterbrochen. Die innerhalb eines Fensters wirksam werdende Regulärbewegung geht über ein Bifurkationsdiagramm in Chaos über, welches seinerseits wiederum reguläre Fenster aufweist. Durch permanente Ausschnittsvergrößerung lässt sich die kaskadenartige Wiederholung derselben Struktur zeigen. Eine derartige aus regulären und chaotischen Strukturen zusammengestellte Grafik wird nach ihrem Entdecker Mitchel Feigenbaum als sogenanntes Feigenbaum-Diagramm bezeichnet (Abb. 13). Dieses durch seine baumartige Struktur gekennzeichnete Hilfsmittel bringt zeitliche Verhaltensweisen von komplexen Prozessen zum Ausdruck [1-6, 10, 17, 18].

Die klassische Physik zeichnet sich unter anderem dadurch aus, dass sie sich weitgehend auf lineare und reversible Prozesse beschränkt. Damit gelingt es ihr zumeist, die Welt mithilfe einfacher mathematischer Formeln zu beschreiben. Die als Hauptbestandteile der Physik geltenden dynamischen Systeme finden typischerweise durch Differentialgleichungen ihre Darstellung, welche in den

1 meisten Fällen über eine relativ leicht eruierbare Lösung verfügen. Die Lösung einer linearen Differentialgleichung, welche bei zahlreichen dynamischen Vorgängen ihre Verwendung findet, führt sehr deutlich vor Augen, dass derartige Prozesse oftmals eine Überlagerung mehrerer einfacherer Abläufe repräsentieren.

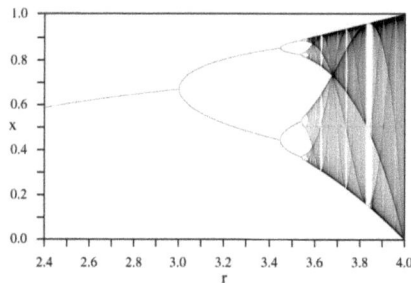

Abb. 13. Feigenbaum-Diagramm mit seiner spezifischen Bifurkationsstruktur.

Erst die moderne Physik sieht sich in zunehmendem Maße mit der Tatsache konfrontiert, dass manche Vorgänge und Phänomene der Natur durch ihre Unberechenbarkeit charakterisiert sind. Diese Prozesse finden im Rahmen einer nichtlinearen Physik ihre eingehende Berücksichtigung. Nichtlineare Vorgänge und Phänomene beinhalten unter anderem die Entstehung und Aufrechterhaltung von Strukturen, welche in engem Zusammenhang mit Begriffen wie Selbstorganisation und Chaos stehen. Als typische Beispiele können hier die Wolkenentstehung, das Umkippen von Ökosystemen, räumlich und zeitlich oszillierende chemische Reaktionen, das Strömungsverhalten von Flüssigkeiten und Gasen sowie das Wachstum von biologischen Strukturen verstanden werden. Nichtlineare Syste-

1

me sind oftmals durch eine Sensitivität der Anfangsbedingungen gekennzeichnet, bei der minimale Veränderungen der initialen Konditionen große Modifikation in den späteren Erscheinungen bewirken können. Zudem vermögen sich die das System bestimmenden Größen gegenseitig zu beeinflussen, wodurch das Rückkopplungssystem seine Etablierung erfährt. Das Verhalten eines nichtlinearen Systems entzieht sich in der Regel jeglicher Vorhersagbarkeit und gerät demzufolge für den Physiker zu einer besonderen Herausforderung. Die Systemdynamik wird durch lichtlineare Differentialgleichungen erfasst, welche zwar eindeutige Lösungen zu liefern vermögen, aber das oben geschilderte Überlagerungsprinzip nicht mehr bedienen können. Dies hat freilich zur Folge, dass sich komplexe Systeme nicht mehr in unabhängig voneinander agierende Teilsysteme zerlegen lassen. Ihre Zustandsbeschreibung erfolgt in der Regel in einzelnen Schritten, wobei jeder temporäre Zustand vom zeitlich vorangehenden Zustand beeinflusst wird [1-6, 9, 10, 17, 18].

Differentialgleichungen nichtlinearer Systeme lassen sich durch Anwendung einer rekursiven Methode lösen. Von einem Anfangszustand beginnend nähert man sich rechnerisch dem nächsten Zustand an, welcher dann seinerseits wiederum als Ausgangspunkt für weitere Kalkulationen dient. Zeichnen sich die einzelnen Berechnungsschritte durch dieselbe oder zumindest eine ähnliche mathematische Vorschrift aus, kommt es im geometrischen Sinne zur Manifestierung einer Struktur, welche durch sich wiederholende Muster und demzufolge durch eine hohe Selbstähnlichkeit charakterisiert ist.

2 Räumliche Fraktale

2.1 Einige einleitende Bemerkungen

N achdem im vorigen Kapitel hauptsächlich Linienfraktale zur ausführlichen Beschreibung gekommen sind, widmet sich dieser Abschnitt höherdimensionierten fraktalen Gebilden, welche in weiterer Folge auch für die dreidimensionale Darstellung in Frage kommen. Grundsätzlich ist hier vorauszuschicken, dass das Linienfraktal mit zunehmender Dimensionalität zunächst vom Flächenfraktal abgelöst wird. Während die Länge eines Linienfraktals vom gewählten linearen Maßstab abhängt (siehe z. B. Koch-Kurve in Abb. 2), variiert die Größe eines Flächenfraktals mit dem selektierten flächenhaften Maßstab. Letzterer kann beispielsweise durch quadratische Mess- beziehungsweise Einheitsflächen festgelegt werden.

Als bekanntes und immer wieder verwendetes Beispiel des Flächenfraktals gilt die Aktivkohle, welche vielfältige Einsatzbereiche besitzt und in erster Linie zur Filterung gasförmiger Substanzen (Adsorption spezifischer Gasmoleküle) herangezogen wird. Zur Bestimmung der fraktalen Dimension von Aktivkohle wählt man für gewöhnlich einen experimentellen Ansatz, bei dem man die Oberfläche der Substanz mit unterschiedlich großen Molekülen beschickt und die jeweilige Adsorptionsrate misst. Trägt man in weiterer Folge die adsorbierte Gasmenge gegen die Moleküloberfläche in einem doppellogarithmischen Diagramm auf, erhält man entsprechende Punkte, durch

2

die sich in der Regel eine Ausgleichsgerade legen lässt. Analog zum Witten-Sander-Clustermodell (Abb. 3) entspricht die Steigung dieser Geraden wiederum der fraktalen Dimension, die im gegebenen Fall zwischen 2 und 3 variiert [8-10].

Wie unschwer zu vermuten ist, gilt das räumliche Fraktal als höherdimensionale, auf das Flächenfraktal folgende Instanz. Die Erzeugung eines Raumfraktals kann auf verschiedene Arten erfolgen. So besteht einerseits die Möglichkeit, mehrere gleichartige Linienfraktale, welche gemäß ihrer Bildungsvorschrift flächenfüllend sind, zu räumlichen Objekten anzuordnen. Andererseits ist es natürlich auch möglich, jenes auf die Ebene beschränkte Initiator-Generator-Prinzip auf den Raum auszudehnen, wodurch sich letztendlich faszinierende dreidimensionale Gebilde ergeben können. Im Falle der Mandelbrot-Menge sowie der darin enthaltenen Julia-Mengen lassen sich jene Farbcodes, welche mit diskreten Werten verknüpft sind, mit einer entsprechenden Tiefeninformation in Verbindung, was die Umgestaltung eines flächenhaften in ein räumliches Objekt zur Folge hat. Betrachtet man zuletzt noch jene in Kapitel 1.4 angesprochenen dynamischen Systeme, so können eindimensionale Prozesse wie beispielsweise die Schwingung eines Federpendels unter Hinzufügung zusätzlicher Bewegungskomponenten leicht zu mehrdimensionalen Vorgängen ausgeweitet und wiederum mit den vorhandenen Analysetechniken untersucht werden. Bei einer gedämpften Welle stehen einzelne Oszillatoren miteinander in Verbindung, wobei sich die Dämpfungsvorgänge in mehreren Raumrichtungen beobachten lassen.

2.2 Klassifikation räumlicher Fraktale

Eine Kategorisierung dreidimensionaler Fraktale kann nach unterschiedlichen Kriterien erfolgen. Während zahlreiche in der Mathematik verwendete Fraktale wie Koch-Kurve, Sierpinski-Dreieck oder Mandelbrot-Menge in der Regel durch eine Beschränkung auf die zweidimensionale Ebene gekennzeichnet sind, weisen jene in Kap. 1.3 genannten natürlichen Fraktale von vornherein eine räumliche Ausdehnung auf. Besonders hervorzuheben sind hier das Blutgefäß- und Atemwegssystem (Abb. 14), welche jeweils nach dem Prinzip der Selbstähnlichkeit aufgebaut sind und über eine hohe Komplexität verfügen. Dieser Umstand wird in der menschlichen Lunge noch dadurch unterstützt, dass bis zu 25 Stufen selbstähnlicher Strukturen (25 Luftwegsgenerationen) zur Entwicklung gelangen [6-10].

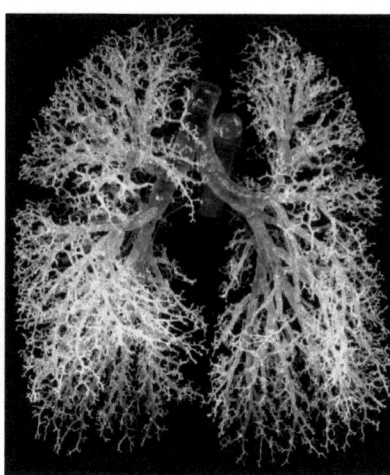

Abb. 14. Silikon-Gussmodell einer menschlichen Lunge mit ihren zahlreichen Luftwegsgenerationen.

2

Bei der Anwendung fraktaler Lungenmodelle erfolgt zumeist eine Reduktion der dreidimensionalen Struktur auf die zweidimensionale Ebene. Für Simulationen des inhalierten Luftstromes und der darin transportierten Teilchen erweist sich das hinsichtlich seiner Dimensionalität reduzierte Lungenmodel zumeist als vollkommen ausreichend. Ähnliche Annahmen werden auch für den Zelltransport in den Blut- beziehungsweise Lymphbahnen angestellt.

Wie bereits im vorigen Abschnitt angedeutet wurde, gelangt man durch sehr simple Arbeitsschritte vom flächenhaften Linienfraktal zum raumfüllenden Flächenfraktal. Ordnet man etwa mehrere Menger-Quadrate räumlich zu einem Würfel an, wobei die selbstähnlichen Komponenten ebenfalls hexaedrische Gestalt annehmen, erhält man den in der Literatur relativ häufig anzutreffenden „Menger-Schwamm". Verwendet man für die Sierpinski-Struktur anstelle der gleichseitigen Dreiecke gleichmäßige Pyramiden mit quadratischer Grundfläche, so erzeugt man ebenfalls ein räumliches, durch seine Skaleninvarianz gekennzeichnetes Gebilde (Abb. 15).

Abb. 15. Sierpinski-Doppelpyramide (links) und „Menger-Schwamm" (rechts).

2 Eine besondere Kategorie der räumlichen Fraktale wird durch die sogenannten „fraktalen Gebirge" repräsentiert, welche gegenwärtig bereits in etlichen geomorphologischen Modellen zum Einsatz gelangen. Im einfachsten Fall lässt sich eine derartige Struktur dadurch erzeugen, dass man einem simplen Linienfraktal eine zusätzliche Höheninformation, die ebenfalls den Gesetzmäßigkeiten der fraktalen Geometrie unterliegt, zuordnet. Sowohl die Generierung der Grundrisslinie als auch jene des Höhenverlaufes folgen dabei entweder dem gleichen oder einem unterschiedlichen Initiator-Generator-Prinzip. Ein fraktales Gebirge kann auch durch Annahme einer regelmäßigen Grundfläche (z. B. gleichseitiges Dreieck) geschaffen werden, wobei diese Fläche beispielsweise durch vier gleichgeformte Flächenelemente ersetzt wird. Jedes Element gilt in weiterer Folge wiederum als Ausgangspunkt für diese nach einfachem Konzept ablaufende Transformation (Abb. 16). Um dem erzeugten Gebilde eine natürlichere Gestalt zu verleihen, kann das Zufallszahlkonzept verwendet werden, welches etwa darüber entscheidet, ob die Elemente nach oben oder nach unten angeordnet werden.

Abb. 16. Erzeugung eines fraktalen Gebirges mithilfe eines einfachen Flächenfraktals.

2 Im vorangegangenen Abschnitt wurde bereits darauf hingewiesen, dass auch die Mandelbrot-Menge und die Julia-Mengen einer Dreidimensionalisierung unterzogen werden können. Dadurch ergibt sich schlussendlich eine weitere Kategorie des räumlichen Fraktals, welche vor allem ihren breiten Eingang in die fraktale Kunst gefunden hat. Um der Mandelbrot-Menge oder einzelnen Julia-Mengen eine räumliche Gestalt zu verleihen, ist lediglich die Zuführung einer konstanten oder an diskrete Zahlenwerte gekoppelten Höheninformation notwendig (Abb. 17). Die in die Höhe wachsende Struktur kann unter Zuhilfenahme spezieller grafischer Software gedreht und in Hinblick auf ihre Perspektive verändert werden.

Abb. 17. Räumliche Darstellung einer innerhalb der Mandelbrot-Menge gelegenen Julia-Menge.

2

In manchen Fällen wird die Mandelbrot-Menge als stark simplifizierter Rotationskörper präsentiert („Mandel-bulb"), wofür jedoch eine entsprechende Extrapolation der theoretisch unendlich langen Umrisslinie zu erfolgen hat. In jüngerer Vergangenheit sind hier mehrere mathematische Näherungen präsentiert worden (Abb. 18).

Abb. 18. Die Mandel-brot-Menge als stark simplifizierter Rotationskörper („Mandel-bulb").

Als weitere Kategorie räumlicher Fraktale können zuletzt auch alle möglichen Konstrukte von selbstähnlichen Spiralen sowie sogenannte Flammen- und Strahlfraktale angesehen werden. Diese beruhen zumeist auf relativ einfachen mathematischen Modellen und finden beispielsweise bei der Simulation natürlicher Phänomene ihre breite Anwendung. Räumliche Fraktale aller oben genannten Kategorien gelten jedoch auch als wichtige Bestandteile der fraktalen Kunst, bei welcher es sich um eine gerade in den vergangenen Jahren deutlich in den Vordergrund getretene computerunterstützte Kunstgattung handelt. Zahlreiche Werke können im Internet abgerufen werden.

3 3D-Visualisierung

3.1 Grundprinzipien der Stereoskopie

Die Stereoskopie (gr. *stereos* = räumlich, fest, gr. *skopein* = prüfen, untersuchen) repräsentiert eine Teildisziplin der Optik, bei der unter Verwendung zweier Halbbilder, welche ein Objekt aus zwei geringfügig unterschiedlichen Perspektiven zeigen, aufgrund der sogenannten Stereopsis (Raumsehen) eine räumliche Wahrnehmung des betreffenden Gegenstandes erzeugt wird. Zu diesem Zweck ist es notwendig, die beiden Halbbilder entweder nebeneinander zu einem Stereogramm anzuordnen oder nach entsprechender farblicher Codierung und Überlagerung in eine Anaglyphe zu transformieren. Der besagte räumliche Eindruck wird nun dadurch generiert, dass jedem Auge das dafür bestimmte Halbbild zugewiesen wird, woraufhin im Gehirn ein Bildfusionsprozess mit dem Resultat der dreidimensionalen Wahrnehmung einsetzt. Die Betrachtung eines Stereogrammes stellt im Grunde genommen nichts anderes als eine optische Täuschung dar, weil die beiden Halbbilder und der durch sie erzeugte Verschmelzungsvorgang beim Betrachter den Eindruck eines Vorhandenseins des realen Gegenstandes anstelle seines Bildes hervorruft [19-78].

Bei der Herstellung des oben genannten Stereogrammes ist zu berücksichtigen, dass dessen Gesamtbreite 13 cm und die Breite eines Halbbildes demzufolge 6,5 cm betragen sollten. Die erwähnten Maßzahlen stehen in direktem

Bezug zum Augenabstand, welcher sich bei Erwachsenen auf 6,0 bis 6,5 cm beläuft. Die Halbbilder sind logischerweise direkt nebeneinander und nicht etwa vertikal versetzt oder in geringem Maße zueinander verdreht anzuordnen, da ansonsten der eingangs beschriebene Bildfusionsprozess eine starke Beeinträchtigung oder gar seine vollständige Verhinderung erfährt. Im Falle der Erzeugung einer Anaglyphe empfiehlt sich die Rotfärbung des einen Halbbildes und die Grün- oder Cyanfärbung des anderen. Die Verwendung komplementärer Farben führt zu einer sauberen Bildtrennung und damit zu einem gut verarbeitbaren Bildfusionsprozess (Abb. 19) [35, 53-56].

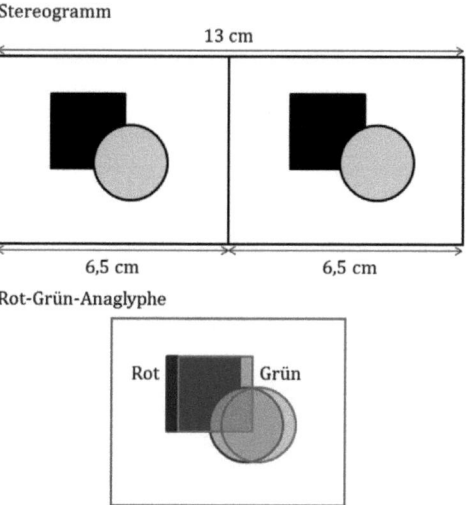

Abb. 19. Möglichkeiten der Anordnung zweier stereoskopischer Halbbilder zur Erzeugung eines Bildverschmelzungsprozesses im Gehirn und einer daraus resultierenden räumlichen Wahrnehmung der Objekte.

3 Zur Beschreibung von Art und Intensität der räumlichen Wahrnehmung eines abgebildeten Gegenstandes ist es zunächst notwendig, die Begriffe der korrespondierenden Bildpunkte und der Deviation oder optischen Disparität zu erörtern. Unter korrespondierenden Bildpunkten versteht man zwei unmittelbar in Zusammenhang stehende Punkte der beiden Halbbilder. Wenn man sich das in Abb. 20 gezeigte Beispiel näher vor Augen führt, so erkennt man die beiden Punkte P_l und P_r als miteinander verbundene Einheiten, da sie jeweils dem hinteren oberen rechten Eckpunkt des dargestellten Quaders entsprechen. Misst man in weiterer Folge den jeweiligen Abstand der Punkte P_l und P_r vom rechten Rand des zugehörigen Halbbildes, erhält man die Strecken x_l und x_r. Unter der Deviation D versteht man die Differenz der beiden Strecken gemäß der simplen Formel

$$D = x_l - x_r.$$

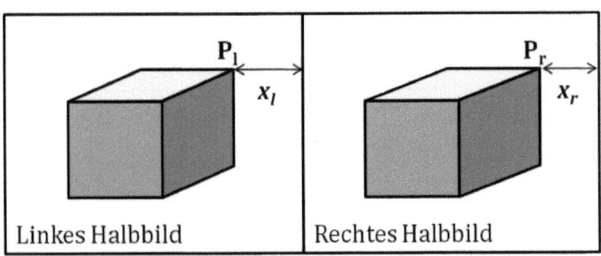

Abb. 20. Definition der korrespondierenden Bildpunkte P_l und P_r und der anhand der Strecken x_l und x_r festzulegenden Deviation D.

Aus der obigen Gleichung lassen sich zwei für die Stereoskopie grundlegende Erkenntnisse gewinnen. Zunächst ist festzustellen, dass die Deviation sowohl positive ($x_l > x_r$)

40

3

als auch negative Werte ($x_l < x_r$) anzunehmen vermag. Diese Differenzierung ist für das stereoskopische Verfahren deshalb von übergeordneter Bedeutung, weil man je nach Vorzeichen der Deviation ganz unterschiedliche räumliche Effekte zu generieren vermag. Wird für diesen Parameter ein positiver Wert gemessen, erscheint das dargestellte Objekt räumlich vor die Bildebene versetzt, wächst also gleichsam aus der Bildfläche heraus. Erhält man für die Deviation hingegen einen negativen Wert, erscheint der Gegenstand hinter die Bildebene versetzt und erfährt dabei eine entsprechende Ausdehnung in die Tiefe (Abb. 21). Die Wahl der Deviation hängt sehr häufig von der im Zusammenhang mit dem optischen Verfahren stehenden Fragestellung ab, wobei eine Variation sehr leicht bewerkstelligt werden kann (etwa durch Veränderung der Blicktechnik) [35, 45, 53-56].

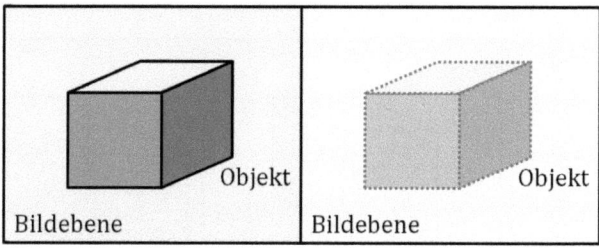

Positive Deviation   Negative Deviation

Abb. 21. Räumliche Wahrnehmung eines Objektes (z. B. Würfel) bei positiver und negativer Deviation. Im ersten Fall wird der Gegenstand aus der Bildebene herausgehoben, im zweiten Fall hinter die Bildebene versenkt.

Die Höhe der Deviation steht in direktem Verhältnis zur Stärke beziehungsweise Intensität der räumlichen Wahr-

41

3 nehmung. Eine Steigerung dieses Parameters innerhalb eines sinnvollen Rahmens bewirkt eine zusätzliche Tiefenausdehnung des Objektes und damit eine stärkere Akzentuierung des 3D-Effektes. Gerade bei flacheren Gegenständen ergibt diese Maßnahme häufig durchaus Sinn, während tiefe Objekte eine zum Teil unnatürliche Ausdehnung in die dritte Dimension erfahren können (Abb. 22). Eine Erhöhung der Deviation hat laut Abb. 20 eine Steigerung der Differenz zwischen x_l und x_r und damit auch ein Auseinanderrücken der korrespondierenden Bildpunkte P_l und P_r zur Folge. Dieses Phänomen ist freilich nur solange von Erfolg gekrönt, wie die beiden Augen zur Fusion der Punkte befähigt sind. Ab einem gewissen Wert der Deviation (ca. 3 % der Länge der horizontalen Bildkante) funktioniert der Bildfusionsprozess nicht mehr, wodurch anstelle des gewünschten Raumbildes ein Doppelbild wahrgenommen wird [35, 45, 53-56].

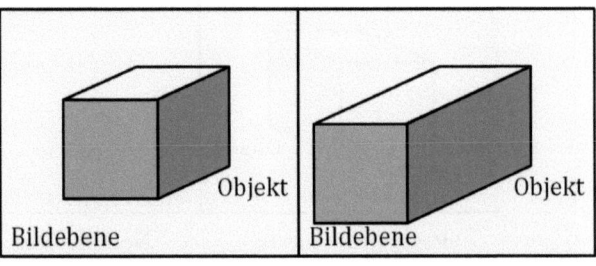

Niedrige Deviation   Hohe Deviation

Abb. 22. Darstellung des Zusammenhangs zwischen Deviationswert und Intensität des räumlichen Effektes. Die Deviation lässt sich im Allgemeinen nur bis zu einem Grenzwert erhöhen. Bei dessen Überschreitung tritt anstelle einer Bildfusion die Wahrnehmung von Doppelbildern ein.

3.2 Herstellung von Stereobildern

3

Die Erzeugung von stereoskopischen Halbbildern, welche in weiterer Folge zu einem Stereogramm oder einer Rot-Grün-Anaglyphe zusammengesetzt werden können, folgt einigen sehr einfachen Regeln und wird im Falle fraktaler Gebilde ausschließlich am Computer durchgeführt. Grundsätzlich können der Versatz von korrespondierenden Bildpunkten und die daraus resultierende Deviation auf zweierlei Art und Weise hervorgerufen werden. Hier ist zunächst die geringfügige horizontale Verschiebung des Blickpunktes anzuführen, durch welche das dreidimensionale Objekt in der Regel zusätzliche für die Stereoskopie verwertbare Tiefeninformation zu offenbaren vermag. In der konventionellen Fotografie entspricht die waagrechte Versatzweite gerade jenem oben erwähnten Augenabstand von 6,0 bis 6,5 cm. Die lineare Versatzmethode erweist sich bei zahlreichen computergenerierten Objekten oftmals als relativ wirkungslos, weshalb eine geringfügige Verschiebung des Blickpunktes entlang eines Kreisbogens zur Durchführung gelangt (Abb. 23). Dies wird durch Drehung des Gegenstandes um einen kleinen Winkel (2 bis 5°) bewerkstelligt. Trotzdem die korrespondierenden Bildpunkt entlang von Kreisbögen verschoben werden, kann die Berechnung der Deviation im Falle kleiner Rotationswinkel (**$\sin \alpha \sim l \sim \tan \alpha$** mit *l* als vom Winkel α erzeugtes Kreisbogensegment) nach der in Abschnitt 3.1 vorgestellten Formel erfolgen. Überschreitet der Rotationswinkel einen bestimmten Grenzwert, kann die erzeugte Deviation nicht mehr von den Augen verarbeitet werden, was wiederum die Entste-

3

hung von Doppelbildern zur Folge hat. Moderne Computerprogramme, welche sich mit der Darstellung fraktaler Gebilde befassen, beinhalten in vielen Fällen die Möglichkeit der Objektrotation, womit die Herstellung von Stereobildern zu einer leichten Übung gerät und nicht gewissen Enthusiasten vorbehalten bleibt [19-35, 53-56].

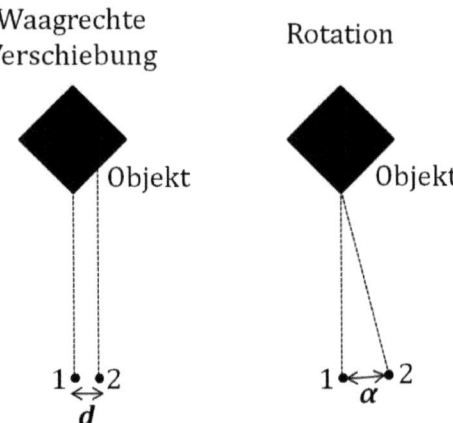

Abb. 23. Möglichkeiten der computerunterstützten Herstellung zweier Halbbilder eines fraktalen Gebildes: Links - Methode der horizontalen Verschiebung des Blickpunktes, rechts - Methode des Versatzes des Blickpunktes entlang eines Kreisbogens (1/2 = Positionen des Blickpunktes, **d** = waagrechter Abstand der Blickpunkte, α = Rotationswinkel).

Die oben dargelegte Rotationsmethode besitzt gegenüber der waagrechten Versatztechnik den großen Vorteil, dass mit ihrer Hilfe wesentlich mehr räumliche Information zum betreffenden Objekt geliefert werden kann. Dies wiederum hat die Erzeugung eines besser wahrnehmbaren

3

Tiefeneffektes zur Folge, welcher unter anderem auch für bildanalytische Zwecke herangezogen werden kann (Abb. 24). Grundsätzlich darf an dieser Stelle festgehalten werden, dass sich die Rotationsmethode in verschiedensten Anwendungsbereichen der Stereoskopie mittlerweile wesentlich besser bewährt als die horizontale Verschiebungstechnik. Dies gilt insbesondere im mikroskopischen Bereich, wo es durch Verwendung einer modernen Gerätschaft gelingt, vorzügliche Raumbilder diverser Mikroorganismen herzustellen [53, 79].

Waagrechte Verschiebung

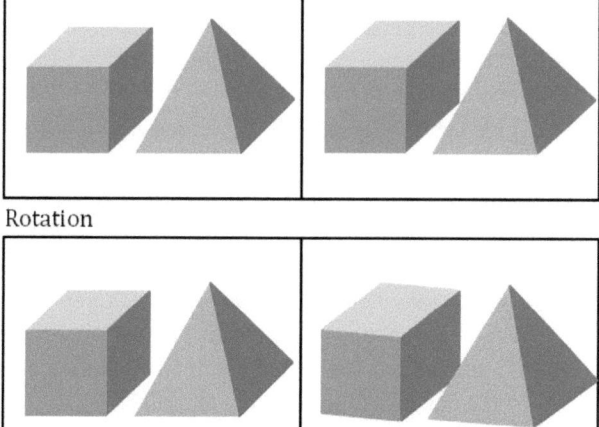

Rotation

Abb. 24. Vergleich zwischen der Methode der waagrechten Verschiebung des Blickpunkten und dem Versatz des Blickpunktes entlang eines Kreisbogensegmentes. Gerade bei mikroskopisch kleinen Objekten ist der zweiten Aufnahmetechnik gegenüber der ersten der Vorzug zu geben.

45

3 In der konventionellen Fotografie gelten bei der Herstellung von Stereobildern bestimmte Regeln, welche für gewöhnlich zu einer Optimierung der Ergebnisse führen und von der Deutschen Gesellschaft für Stereoskopie (DGS) festgeschrieben worden sind. Diese Vorschriften können nur zum Teil auf die Computerstereoskopie von fraktalen Gebilden umgelegt werden, sollen aber dennoch ihre kurze Erwähnung finden. Grundsätzlich ist bei der Erzeugung der beiden Halbbilder darauf zu achten, dass zwischen den Abspeichern der Teilbilder keine Veränderungen des Bildkontrastes oder gar der Bildfärbung beziehungsweise Hintergrundkolorierung vorgenommen wurden. Als ganz wesentlicher Punkt gilt die Unveränderlichkeit der Bildgröße. Halbbilder mit unterschiedlich großen Darstellungen des betreffenden Objektes haben in der Regel eine starke Einschränkung des räumlichen Eindrucks bis hin zur Zerstörung des stereoskopischen Effektes zur Folge. Als weiterer wesentlicher Punkt bei der computerunterstützten Erstellung von Stereobildern ist die Vermeidung sogenannter Vertikalparallaxen anzusehen. Diese entstehen immer dann, wenn der festzuhaltende Gegenstand zwischen den beiden Bildaufnahmen eine senkrechte Verschiebung erfährt. Laut DSG sind Vertikalparallaxen auf maximal 0,3 % der gesamten Bildhöhe zu beschränken, da sie ansonsten bereits eine zu starke Störwirkung bei der Betrachtung der Stereobilder erzeugen. Bei fraktalen Gebilden mit einheitlichem Hintergrund (z. B. schwarz) können aufgrund der Objektrotation entstandene Vertikalverschiebung durch nachfolgendes Zuschneiden der Halbbilder teilweise oder zur Gänze kompensiert werden [35, 53-56].

3.3 Betrachtung von Stereobildern

3

Die stereoskopische Bildbetrachtung stellt zwar einerseits eine Wissenschaft für sich dar, repräsentiert aber andererseits ein faszinierendes, immer wieder neue Fragen aufwerfendes Betätigungsfeld. Je nach angewandter stereoskopischer Technik – Herstellung von klassischen Stereogrammen oder Produktion von Rot-Grün-Anaglyphen – ergeben sich unterschiedliche Möglichkeiten der visuellen Untersuchung von Raumbildern. Im Falle der auf dem Stereogramm gründenden Herstellung von 3D-Bildern ist grundsätzlich zwischen Betrachtungstechniken, für welche spezielle optische Geräte notwendig sind, und sogenannten autostereoskopischen Blicktechniken zu differenzieren. In der klassischen, seit der Mitte des 19. Jahrhunderts etablierten Stereoskopie gelangten mit dem Stereoskop auf der einen Seite und der Stereobrille auf der anderen zwei Hilfsmittel zur Entwicklung, die je nach Bauart auf zwei unterschiedlichen physikalischen Prinzipien beruhen und zum Teil noch heute zum Einsatz kommen (Abb. 25). Beim Spiegelstereoskop werden die von zwei korrespondierenden Bildpunkten ausgehenden Lichtstrahlen an speziell orientierten Spiegelflächen reflektiert, so dass der Strahl des linken Punktes in das linke Auge, jener des rechten Punktes hingegen in das rechte Auge einzudringen und auf die entsprechenden Netzhautareale aufzutreffen vermag. Beim Spiegelstereoskop handelt es sich in der Regel um eine größere Apparatur, welche unter anderem in jenen Stereosalons, die in der zweiten Hälfte des 19. Jahrhunderts in Mode gekommen waren, ihre vermehrte Verwendung fanden. Beim

47

3 Prismenstereoskop und der Stereobrille werden Fresnel-Prismen genutzt, an denen die von den korrespondierenden Punkten stammenden Lichtstrahlen dem physikalischen Phänomen der Brechung unterzogen werden. Beim Eintritt des Lichtes in ein Prisma erfolgt eine Brechung zum Lot, wohingegen beim nachfolgenden Austritt wiederum eine Brechung vom Lot wahrgenommen werden kann. Insgesamt wird auch hier die Information des linken Halbbildes an das linke Auge herangeführt, während die Information des rechten Halbbildes in das rechte Auge eintritt. Das Spiegelstereoskop ist aufgrund seiner Konstruktion ausschließlich für den Parallelblick (siehe unten) konzipiert, das Prismenstereoskop dagegen kann sowohl für den Parallel- als auch für den Kreuzblick gebaut werden [35, 53-56].

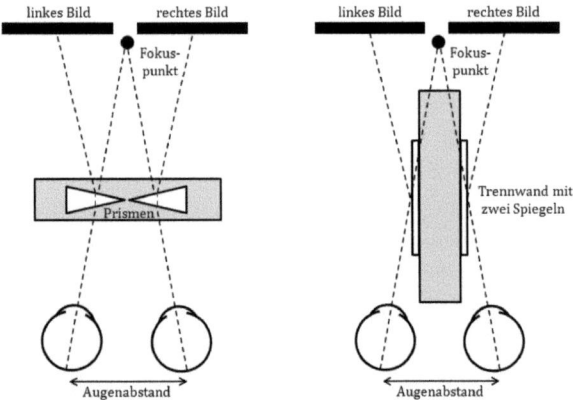

Abb. 25. Bautypen des Stereoskops zur geeigneten Betrachtung von klassischen Stereogrammen mit linkem und rechtem Halbbild: Links - Prismenstereoskop (Stereobrille), rechts - Spiegelstereoskop.

3

Die ebenfalls auf das klassische Stereogramm anzuwendenden autostereoskopischen Blicktechniken repräsentieren im Allgemeinen Methoden zur Betrachtung von 3D-Bildern ohne Verwendung von optischen Hilfsmitteln. Hier kann grundsätzlich zwischen dem Kreuzblick auf der einen Seite und dem Parallelblick auf der anderen unterschieden werden (Abb. 26). Beide Blicktechniken lassen sich ohne großen Aufwand erlernen und können auch wechselweise auf die oben vorgestellten Abb. 20 und 24 angewendet werden.

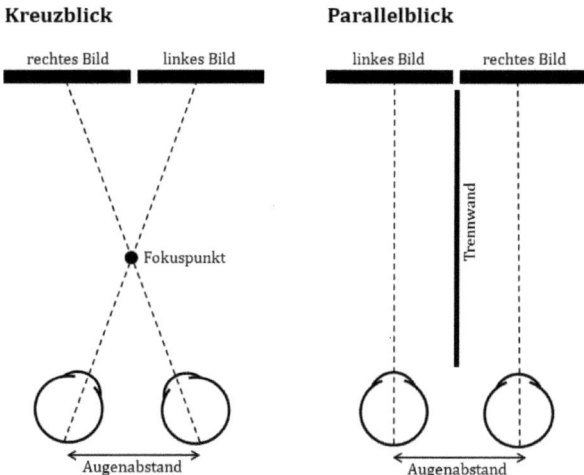

Abb. 26. Autostereoskopische Blicktechniken zur Betrachtung von klassischen Stereogrammen.

Beim Kreuzblick werden die Sehachsen der beiden Augen in eine so starke Konvergenzstellung versetzt, dass das linke Auge das rechte Halbbild und das rechte Auge das linke Halbbild zu sehen bekommen. Die Erzeugung dieser

3 Schielstellung stellt zunächst eine gewisse Schwierigkeit dar, kann jedoch unter Zuhilfenahme eines zwischen Augen und Bildern positionierten Fokuspunktes (z. B. Spitze des Zeigefingers) relativ leicht antrainiert werden. Man fixiert diesen Punkt solange, bis sich die beiden Halbbilder zu einem geringfügig verkleinerten Mittelbild mit der gewünschten Tiefeninformation zu verschmelzen beginnen. Wichtig ist in weiterer Folge die autonome Aufrechterhaltung der Augenstellung, um eine detailliertere Bildbetrachtung vornehmen zu können. Hier ergeben sich zu Beginn oftmals gewisse Schwierigkeiten, welche jedoch mit einiger Übung überwunden werden können. Der Kreuzblick führt in der Regel zwar rasch zu einer Ermüdung der Augen, gestattet jedoch andererseits auch die Studie von Stereobildern, welche die Standardbreite von 13 cm signifikant überschreiten [35, 53-56].

Beim Parallelblick werden die Sehachsen der beiden Augen in eine Parallelstellung überführt, so dass das linke Auge auf das linke Halbbild, das rechte Auge dagegen auf das rechte Halbbild gerichtet ist. Dieses Phänomen präsentiert sich aufgrund der natürlichen Konvergenzstellung der Sinnesorgane als eine zum Teil etwas schwierigere Aufgabe. Erreichen lässt sich der Zustand mithilfe einer zwischen den Sehachsen positionierten Trennwand (z. B. offene Handfläche), welche jeglichen Schielblick verhindern soll. Im Gegensatz zum Kreuzblick führt der Parallelblick zu keiner frühzeitigen Ermüdung der Augen, wodurch er sich letztlich für ein längeres Studium der Stereobilder eignet. Als nachteilig gilt sicherlich der Umstand, dass die Blicktechnik nicht auf beliebige Bildgrößen anwendbar ist [35, 53-56].

3 Die moderne Stereoskopie basiert im Wesentlichen auf der Herstellung von Rot-Grün- oder Rot-Cyan-Anaglyphen, für deren Betrachtung die Verwendung entsprechender Farbbrillen notwendig ist. Bei einer Rot-Cyan-Brille wird der roter Farbfilter vor das linke Auge, der Cyan-Filter hingegen vor das rechte Auge geführt. Dies wiederum hat zur Folge, dass das linke Auge schließlich das rot-codierte Halbbild zu sehen bekommt, wohingegen das rechte Auge das cyan-codierte Halbbild erblickt (Abb. 27). Die beiden Halbbilder werden im Gehirn dem eingangs in diesem Kapitel erwähnten Verschmelzungsprozess zugeführt, so dass es zur Entstehung des gewünschten räumlichen Effektes kommt [35, 53-56].

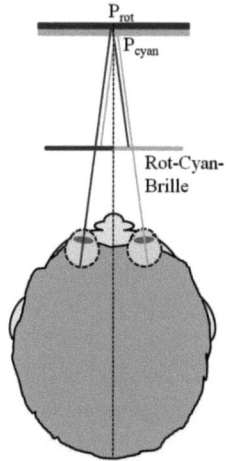

Abb. 27. Betrachtung einer Rot-Cyan-Anaglyphe unter Zuhilfenahme einer entsprechenden Farbbrille. P_{rot} und P_{cyan} bezeichnen zwei korrespondierende Punkte auf den jeweiligen farbcodierten Halbbildern.

Die Anaglyphentechnik erweist sich gegenüber dem klassischen Stereogramm in vielerlei Bereichen als sehr vorteilhaft. Die Farbbrille stellt im Gegensatz zu Stereobrille

3

oder Stereoskop ein äußerst preiswertes optisches Hilfsmittel dar, welches im Internet in höherer Stückzahl erworben werden kann und sich bei Anschaffung entsprechender Rohmaterialien (Farbfolien) sogar selber herstellen lässt. Durch die Überlagerung der Halbbilder bestehen in Bezug auf die Bildgröße keinerlei Grenzen, so dass sich theoretisch auch entsprechende Anaglyphen im Posterformat erzeugen lassen. Der dreidimensionale Effekt der abgebildeten Objekte bleibt auch dann noch erhalten, wenn man einen beliebigen Bildausschnitt zum Zweck des genaueren Studiums vergrößert. Dadurch avanciert die Anaglyphentechnik insbesondere in verschiedenen wissenschaftlichen Disziplinen wie der Biologie, Kristallografie oder Materialkunde zu einer wertvollen optischen Methode. Im universitären Bereich hat das anaglyphische Stereobild in den vergangenen Jahrzehnten nicht nur seinen vermehrten Eingang in das Publikationswesen gefunden, sondern auch in der Lehre und der damit verbundenen Bildpräsentation seine regelmäßige Anwendung erfahren.

Zuletzt lässt sich an dieser Stelle festhalten, dass die Stereoskopie nach ihrer Blütezeit in der zweiten Hälfte des 19. Jahrhunderts und ihrem Bedeutungsverlust in der Mitte des 20. Jahrhunderts mittlerweile wieder in das Rampenlicht zurückgekehrt ist und sowohl im wissenschaftlichen als auch im nichtwissenschaftlichen Bereich zum Teil sehr große Interessensgemeinschaften besitzt. Dadurch besteht letztlich auch die Hoffnung, dass das optischen Verfahren in den kommenden Jahrzehnten in einer Vielzahl an Bereichen zur Anwendung gelangt [53-56].

4 3D-Fraktale: Beispiele

Die nachfolgenden Bildbeispiele sollen einen Eindruck vom Potenzial der stereoskopischen Bildgebung in der fraktalen Geometrie vermitteln. Für die Erstellung der Fraktalgebilde gelangten unter anderem die Computerprogramme ChaosPro 4.0 und Mandelbulber 2.0 zur Anwendung, mit deren Hilfe jene in Kap. 3.2 beschriebene Rotation der Objekte und Generierung entsprechender stereoskopischer Halbbilder durchgeführt wurden. Diese wurden in weiterer Folge entweder mit ADOBE Photoshop 7.0 oder der frei erhältlichen Software Anaglyph Maker 1.08 in Rot-Cyan-Anaglyphen umgewandelt, für deren Betrachtung die Verwendung einer Rot-Cyan-Brille notwendig ist. In Kap. 3.3 wurde bereits darauf hingewiesen, dass eine derartige Brille zu einem relativ niedrigen Stückpreis im Internet bezogen werden kann oder sich alternativ auch selbst herstellen lässt, wobei für diesen Fall jedoch optische Farbfolien mit geeigneter Filterwirkung anzuschaffen sind [53-56].

Durch die Anwendung der Anaglyphentechnik werden zwei stereoskopische Halbbilder de facto zu einem Einzelbild mit unterschiedlichen darin enthaltenen Farbinformationen verschmolzen. Dies birgt im gegebenen Fall den großen Vorteil in sich, dass die 3D-Bilder mit einem beliebigen Format versehen und an jede Seitengröße einer Publikation angepasst werden können. Zudem lassen sich an Anaglyphen genauere Studien zu einzelnen Detailstrukturen durchführen.

4 Die Bildbeispiele beschäftigen sich zunächst mit dreidimensionalisierten Darstellungen einfacher Linienfraktale sowie der Mandelbrot-Menge selbst, ehe auf komplexere fraktale Strukturen Bezug genommen werden soll. Dabei gelangen unter anderem Spiralstrukturen wie etwa die fraktale Schnecke oder verschiedene Blättergebilde, aber auch unregelmäßig geformte Objekte wie beispielsweise die fraktale Koralle oder diverse Strahlen- beziehungsweise Flächenmuster zur Präsentation. Zuletzt wird noch mit zahlreichen Exempeln auf die sogenannte fraktale Kunst eingegangen, bei der verschiedene fraktale Gebilde zu teils sehr imposanten Kunstwerken arrangiert sind. Gerade dieser durch seine mitunter sehr hohe Komplexität gekennzeichnete Bereich stellt für die dreidimensionale Bildgebung eine besondere Herausforderung dar, weil die für die Halbbilderzeugung erforderliche Objektrotation mit größerem rechnerischen Aufwand verbunden sein kann.

Die nachfolgend präsentierten Anaglyphen sind größtenteils unter Berechnung einer positiven Deviation generiert worden, wodurch sie bei Betrachtung mit einer Farbbrille aus der Bildebene herauswachsen. Die Deviation nimmt dabei möglichst hohe Werte an, um den Raumeffekt so stark wie möglich zur Geltung zu bringen. Bei komplexeren Strukturen empfiehlt sich eine längere und möglichst entspannte Betrachtung einzelner Elemente, da dadurch die einzelnen räumlichen Effekte und eventuelle Überlagerungen nach und nach erfasst werden können. Auch flachere Gebilde verlangen im Allgemeinen eine etwas längere Inspektion, ehe sie dem Betrachter ihre Tiefeninformation preiszugeben vermögen.

4 Bildbeispiele

4 Bildbeispiele

4 Bildbeispiele

4 Bildbeispiele

4 Bildbeispiele

4 Bildbeispiele

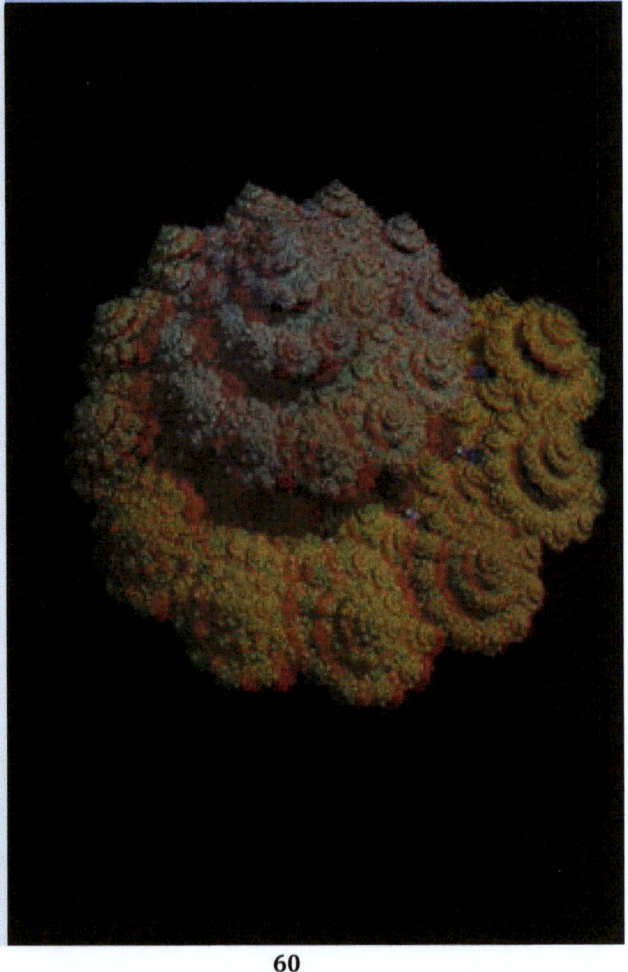

4 Bildbeispiele

4 Bildbeispiele

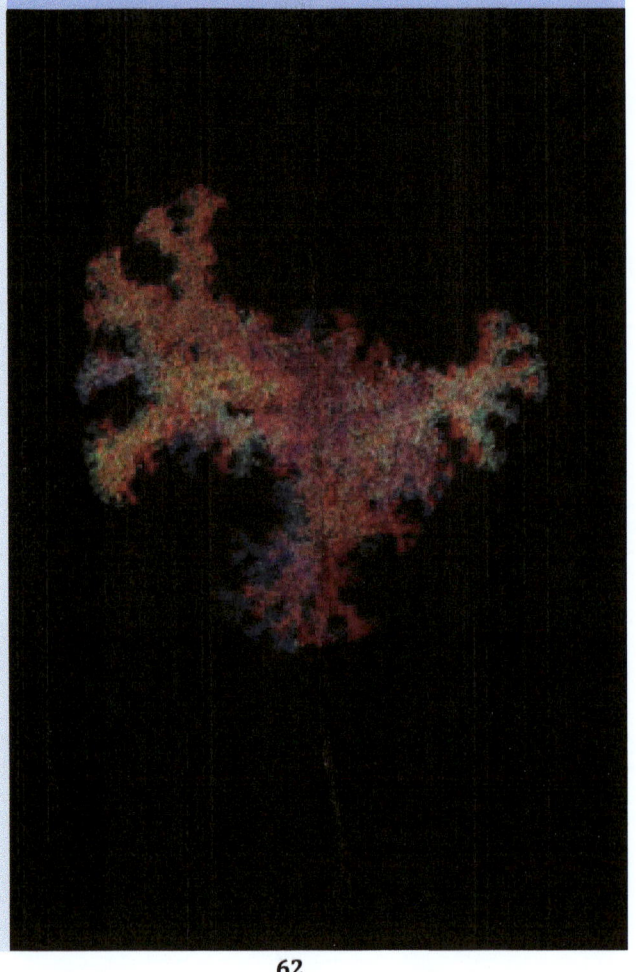

4 Bildbeispiele

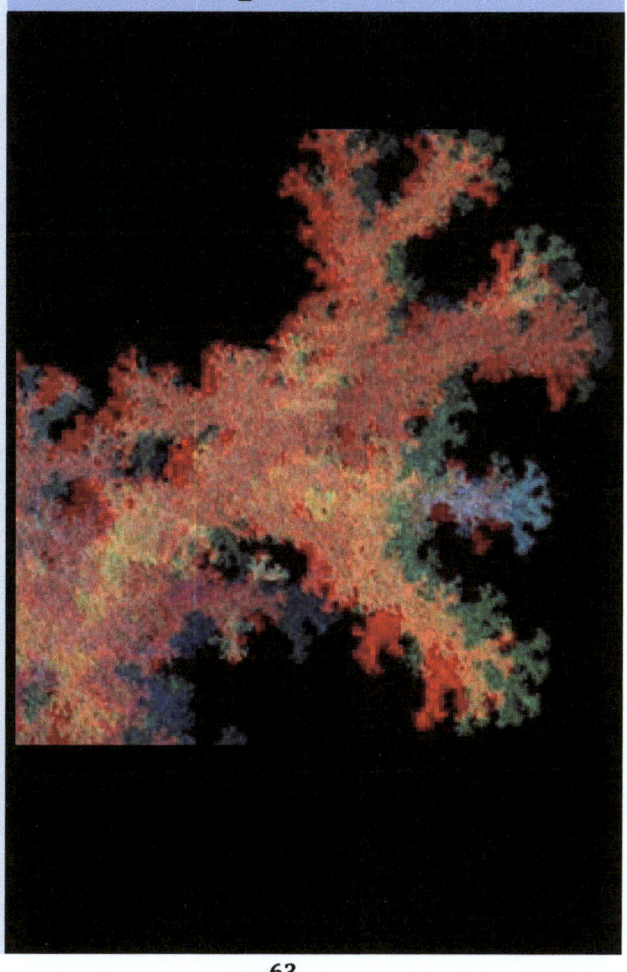

4 Bildbeispiele

4 Bildbeispiele

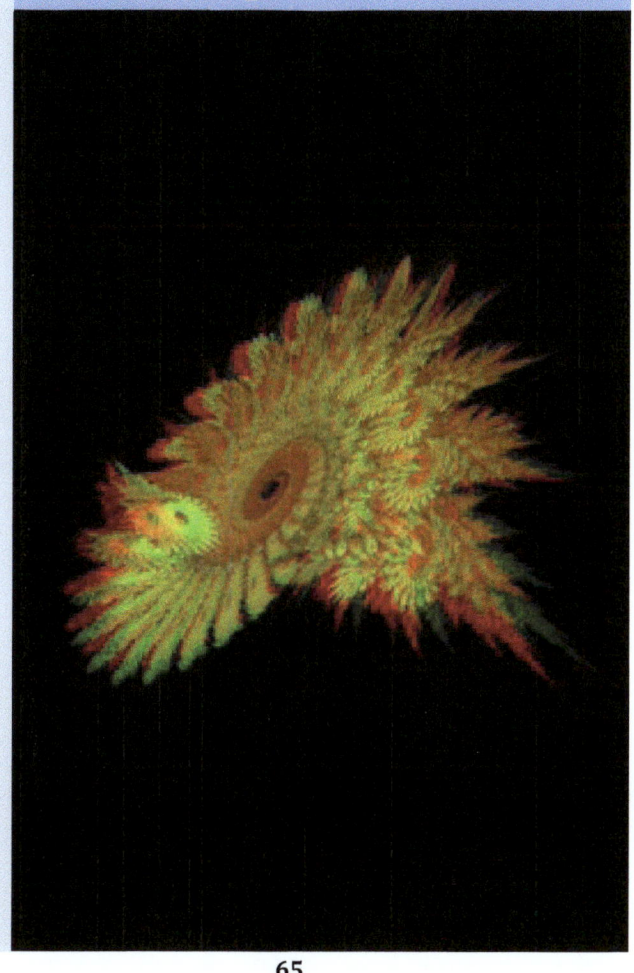

4 Bildbeispiele

4 Bildbeispiele

4 Bildbeispiele

4 Bildbeispiele

4 Bildbeispiele

4 Bildbeispiele

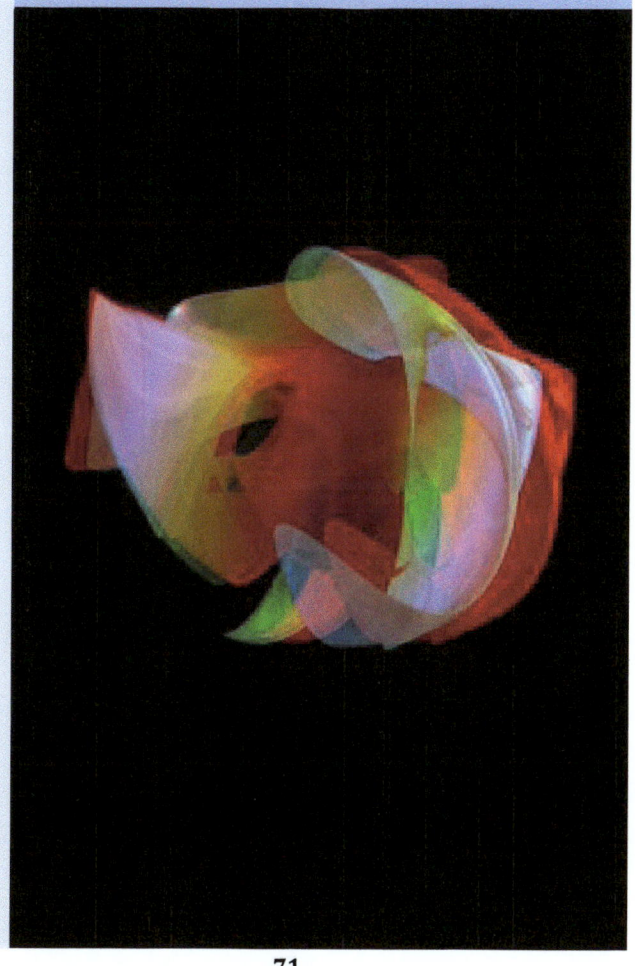

4 Bildbeispiele

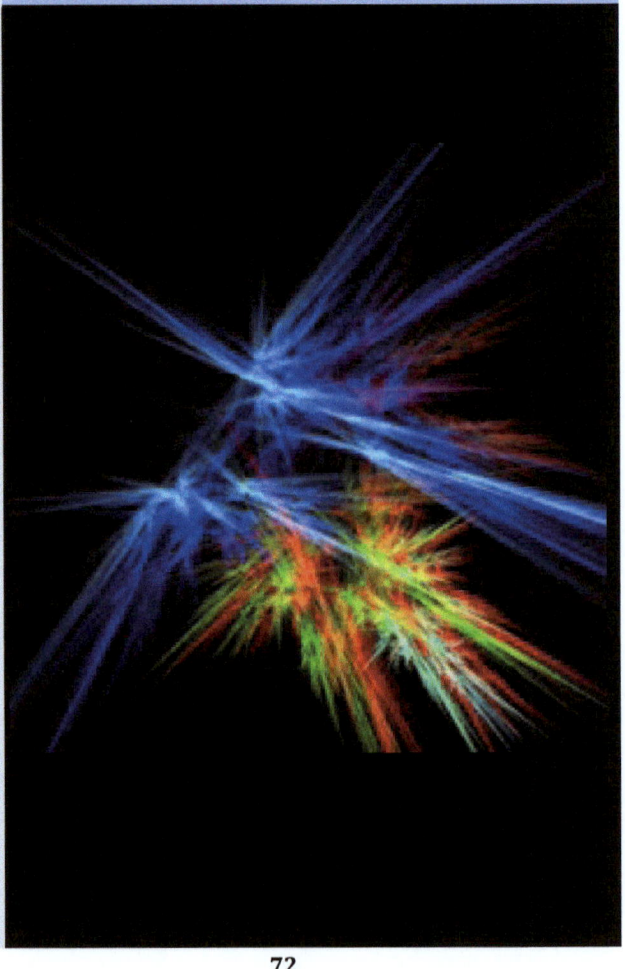

4 Bildbeispiele

4 Bildbeispiele

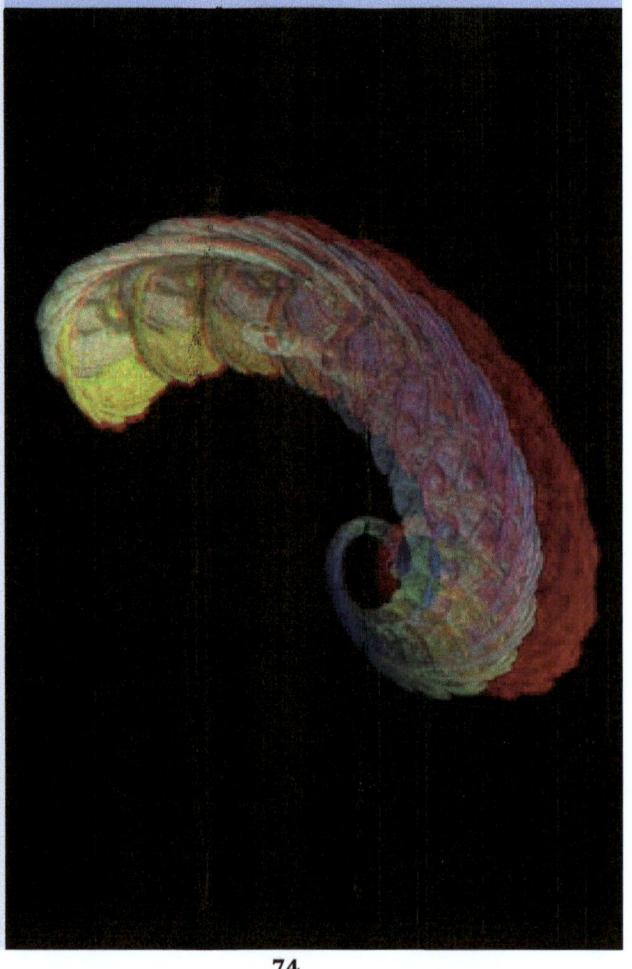

4 Bildbeispiele

4 Bildbeispiele

4 Bildbeispiele

4 Bildbeispiele

4 Bildbeispiele

4 Bildbeispiele

4 Bildbeispiele

4 Bildbeispiele

4 Bildbeispiele

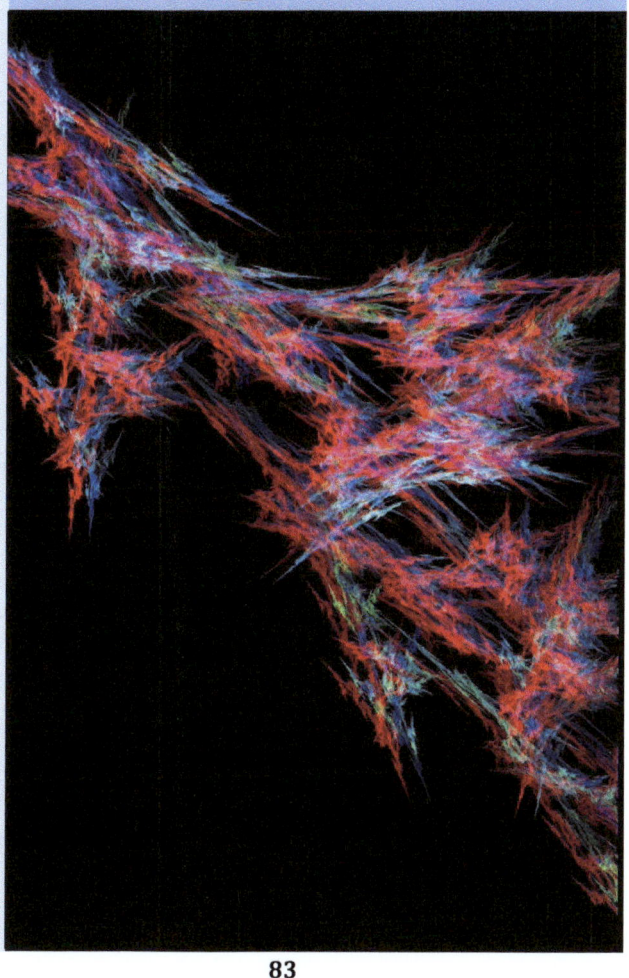

4 Bildbeispiele

4 Bildbeispiele

4 Bildbeispiele

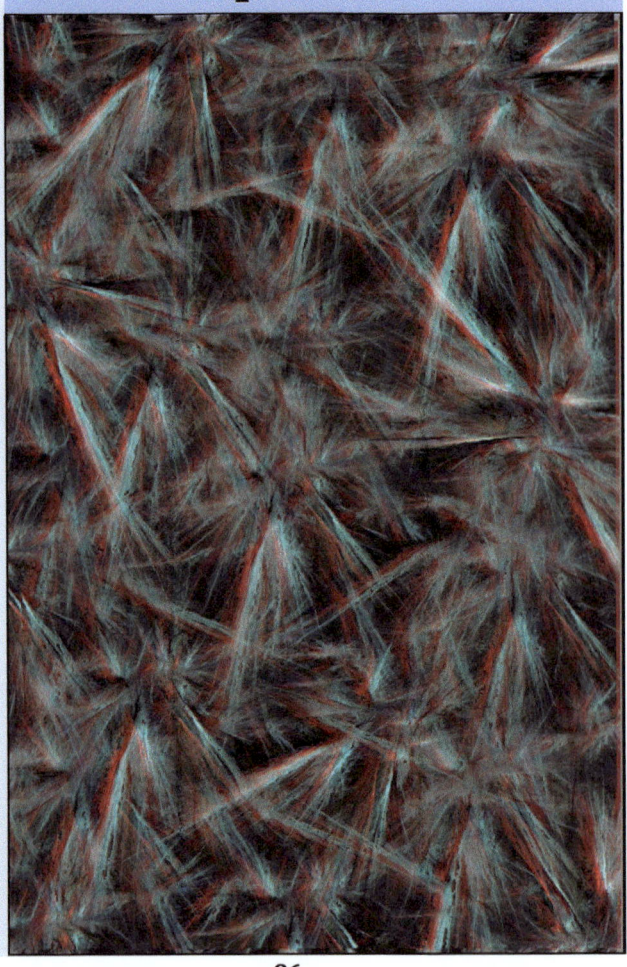

4 Bildbeispiele

4 Bildbeispiele

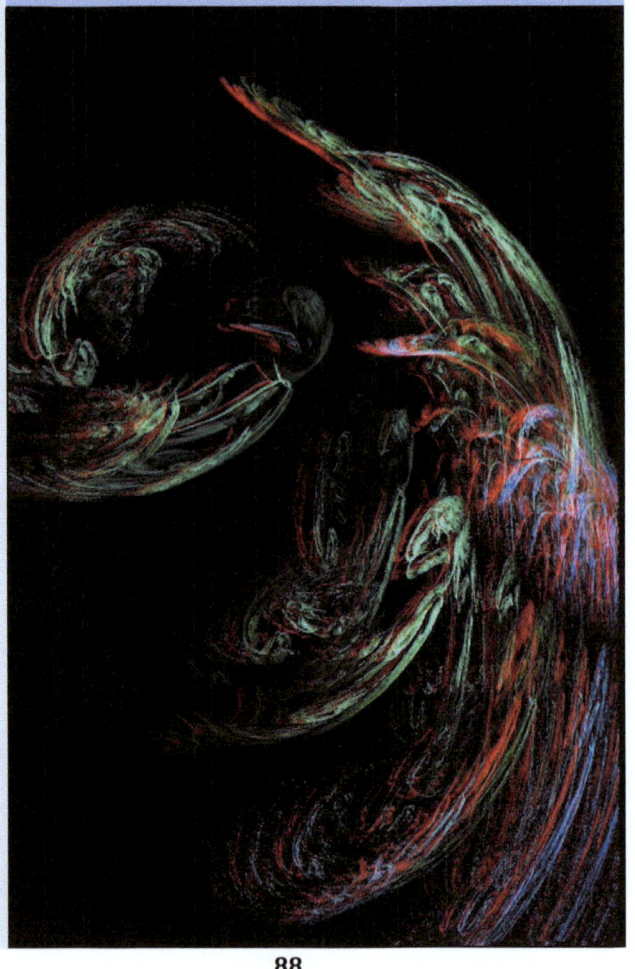

4 Bildbeispiele

4 Bildbeispiele

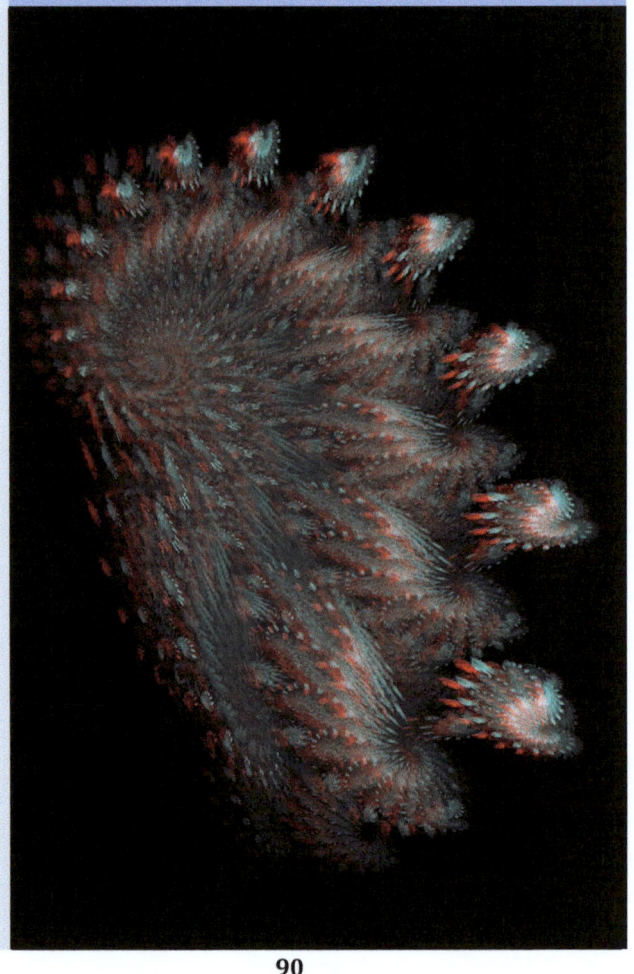

4 Bildbeispiele

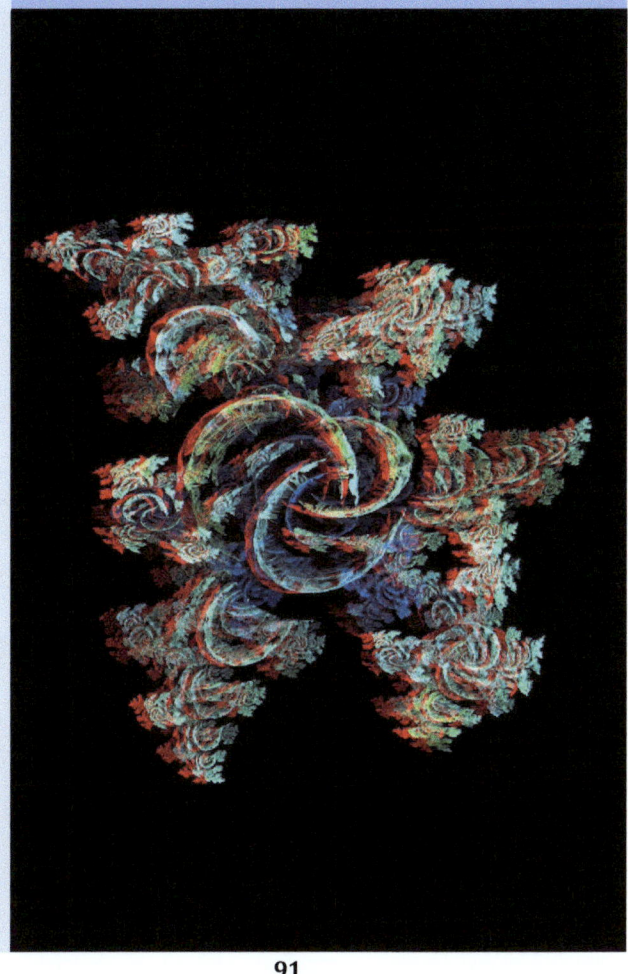

4 Bildbeispiele

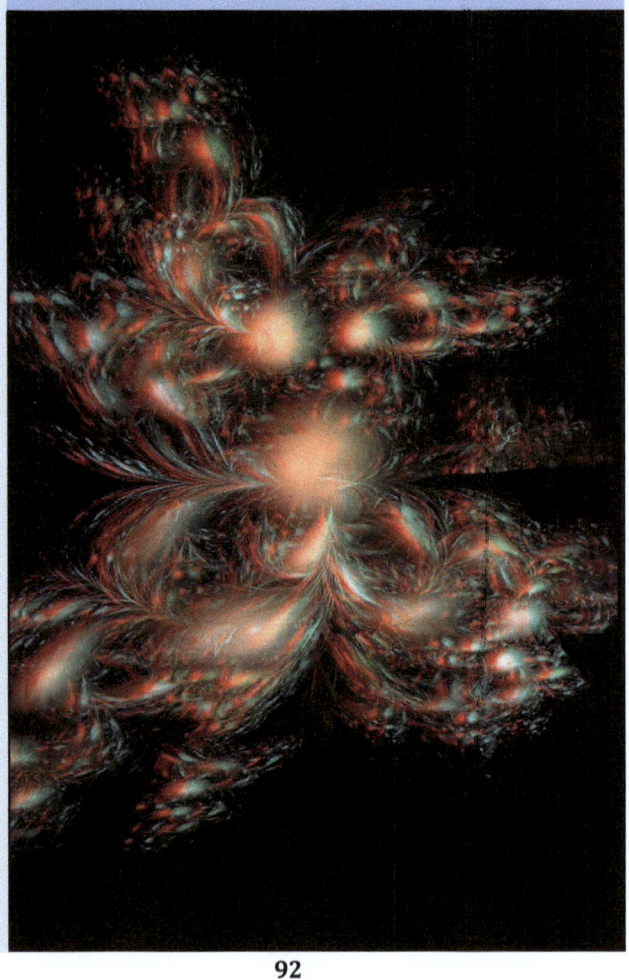

4 Bildbeispiele

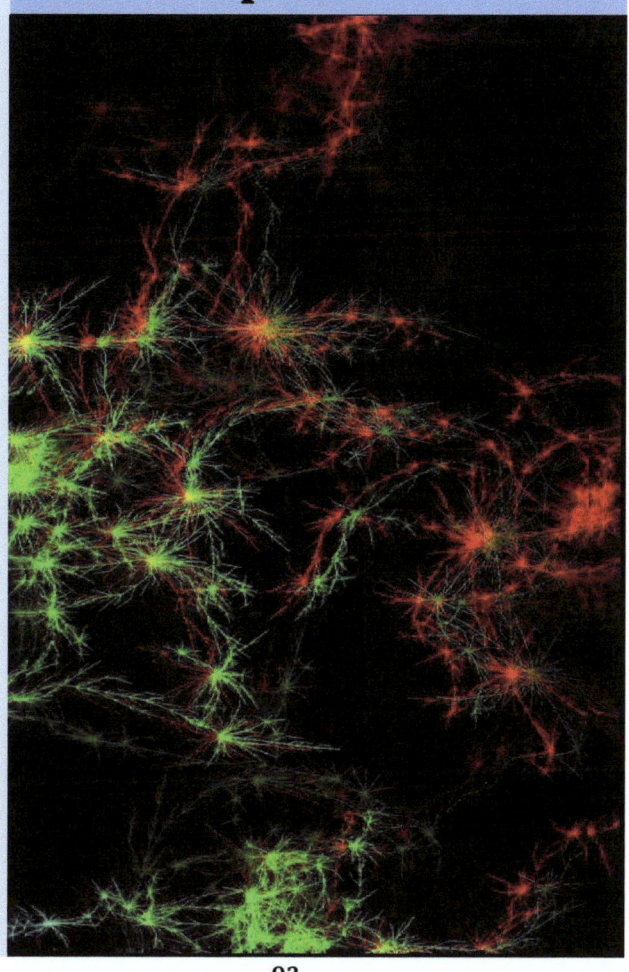

4 Bildbeispiele

R Resümee

Anhand zahlreicher in der näheren Vergangenheit publizierter Arbeiten konnte der Nachweis erbracht werden, dass das stereoskopische Verfahren gerade in den Technik- und Naturwissenschaften über einen sehr breiten Anwendungsbereich verfügt. In der naturwissenschaftlichen Forschung konnte sich die Stereoskopie in manchen Fällen bereits als Standardmethode etablieren, mit deren Hilfe die Klärung etlicher offener Fragen gelingt. So bietet die optische Technik beispeilsweise bei der Mikroskopie kleinster Objekte die Möglichkeit einer genaueren Erkundung räumlicher Strukturen. Zudem können mithilfe des Stereobildes gezielte dreidimensionale Vermessungen durchgeführt werden, wie sie etwa für eine Vielzahl von medizinischen Fragestellungen bedeutend sind. In der Meteorologie liefert das 3D-Bild von Wolken zusätzliche Information zu deren Entstehung und Transport in den unterschiedlichen Luftschichten, wohingegen das stereoskopische Landschaftsbild bei der Erstellung detaillierterer topografischer Karten eine wertvolle Unterstützung darstellt [79-109].

In früheren Veröffentlichungen wurde bereits mehrfach die Vermutung geäußert, dass die stereoskopische Technik in näherer Zukunft auch vermehrt in die Mathematik vordringen könnte. Die Verwendung des Raumbildes macht letztendlich überall dort Sinn, wo es gilt, Tiefeninformation von künstlich erzeugten Gebilden besser sichtbar zu machen. Wie anhand des vorliegenden Buches recht

R eindrucksvoll demonstriert werden konnte, besteht diese Notwendigkeit insbesondere in der Fraktalgeometrie, welche zumeist auf sehr simplen mathematischen Grundlagen basiert, jedoch zum Teil äußerst komplexe Strukturen hervorzubringen vermag. Viele fraktale Gebilde leben geradezu davon, dass sie die räumliche Tiefe zur vollen Entfaltung ihrer unbestrittenen Ästhetik ausnutzen. Die in Kapitel 4 gezeigten Bildbespiele vermögen diesen Umstand auf sehr klare Art und Weise zu belegen. Verschiedene spiralförmige Gebilde kommen im Raumbild ebenso gut zur Geltung wie dreidimensionale Varianten des Sierpinski-Dreiecks oder unterschiedliche Formen des Menger-Schwammes. Mithilfe der einzelnen Exempel konnte letztendlich auch vorgeführt werden, dass bei sehr tiefen Objekten der Raumeffekt sofort ins Auge sticht, wohingegen bei flacheren Fraktalstrukturen einige Konzentration zum Herausfiltern der dreidimensionalen Information aufzuwenden ist. Hier bietet das anaglyphische Bild freilich den Vorteil einer dauerhafteren Betrachtung zur Identifikation räumlicher Details [53, 94].

Natürlich ist abschließend noch die Frage zu stellen, inwieweit stereoskopische Verfahren auch in der Mathematik zu einer standardmäßig verwendeten Visualisierungsmethode zu avancieren vermögen. Zum jetzigen Zeitpunkt findet die Technik in besagter Wissenschaft noch kaum Gehör. Es ist jedoch in Analogie zu den Naturwissenschaften anzunehmen, dass sich dieser Zustand in den nächsten Jahren maßgeblich verändern könnte. Dies wäre vor allem dann der Fall, wenn die Fraktalgeometrie eine noch breitere wissenschaftliche Behandlung erfahren würde.

L Literatur

[1]   Behr R. (1989). Ein Weg zur fraktalen Geometrie. Stuttgart: Klett-Schulbuchverlag.

[2]   Behr R. (1993). Fraktale, Formen aus Mathematik und Natur. Stuttgart: Klett-Schulbuchverlag.

[3]   Dufner J., Unseld, F., Roser, A. (1998). Fraktale und Julia-Mengen. Thun: Verlag Herri Deutsch.

[4]   Edgar G. (2008). Measure, Topology, and Fractal Geometry. New York: Springer-Verlag.

[5]   Falconer K. (2014). Fractal Geometry. Mathematical Foundations and Applications. Chichester: John Wiley & Sons, Ltd.

[6]   Halling H., Möller R. (1995). Mathematik fürs Auge – Eine Einführung in die Welt der Fraktale. Berlin: Spektrum.

[7]   Mandelbrot B. B. (1977). Fractals: Form, Chance and Dimension. New York: W. H. Freeman & Co.

[8]   Mandelbrot B. B. (1987). Die fraktale Geometrie der Natur. Basel: Birkhäuser.

[9]   Peitgen H. O., Richter P. H. (1986). The Beauty of Fractals. Images of Complex Dynamical Systems. Berlin: Springer-Verlag.

[10] Peitgen H. O., Saupe D. (1988). The Science of Fractal Images. Berlin: Springer-Verlag.

[11] Brieskorn E. (Hrsg.) (1996). Felix Hausdorff zum Gedächtnis. Wien: Vieweg Verlag.

[12] Franz W. (1960). Topologie. Band 1: Allgemeine Topologie. Berlin: De Gruyter.

[13] Pears A. R. (1975). Dimension Theory of General Spaces. Cambridge: Cambridge University Press.

[14] Fernau H. (1994). Interierte Funktion, Sprache und Fraktale. Mannheim: B. I. Wissenschaftasverlag.

[15] Rozenberg G., Salomaa A. (1980). The Mathematical Theory of L-Systems. New York: Academic Press.

[16] Prusinkiewicz P., Lindenmayer A. (1990). The Algorithmic Beauty of Plants. New York: Springer-Verlag.

[17] Denker M. (2005). Einführung in die Analysis dynamischer Systeme. Berlin: Springer-Verlag.

[18] Guckenheimer J., Holmes Ph. (1990). Nonlinear Oscillations, Dynamical Systems and Bifurcations of Vector Fields. New York: Springer.

[19] Abé Th. (1997). Grundkurs 3D-Bilder. Gilching: VfV-Verlag.

[20] Barsy A. von (1943). Raumbild-Fotografie. Halle (Saale): VEB Wilhelm Knapp Verlag.

[21] Bahr A. (1991). Stereoskopie. Räume, Bilder, Raumbilder. Essen: Thales Verlag.

[22] Bräutigam L. H. (2004). Stereofotografie mit der Kleinbildkamera: Eine praxisorientierte Einführung in die analoge und digitale 3D-Fotografie. Hückelhoven: Wittig Fachbuchverlag.

[23] Bräutigam L. H. (2014). 3D-Fotografie – 3D-Video (eBook). Esslingen: Civitas Imperii Verlag.

[24] Kuhn G. (1999). Stereofotografie und Raumbildprojektion. Gilching: VfV-Verlag.

[25] Lorenz D. (2012). Fotografie und Raum. Münster: Waxmann Verlag.

L

[26]   Lüscher H. (1928). Räumliches Sehen und die wichtigsten Grundbegriffe der Stereo-Photographie. Braunschweig: Franke & Heidecke.

[27]   Lüscher H. (1931). Stereophotographie: Einführung in die Grundlagen der Stereoskopie und Anleitung zur Erzielung einwandfreier Stereobilder für Liebhaberphotographen. Berlin: Union Deutsche Verlagsgesellschaft.

[28]   Lüscher H. (1932). Stereoaufnahmen mit Spiegelvorsätzen. Der Stereoskopiker 4, 13-14.

[29]   Lüscher H. (1940). Der Stand des Raumbildwurfs. Zeitschrift des Vereines Deutscher Ingenieure 84, 746.

[30]   Maier F. (2008). Teil 1: 3D-Grundlagen. Professional Production 07 + 08, 1-5 (www.professionalproduction.de).

[31]   Pietsch W. (1953). Kleinbild-Stereo-Nahaufnahmen im nahen Greif- und Lupenbereich mit der einäugigen Spiegelreflex-Kamera. Halle (Saale): VEB Wilhelm Knapp Verlag.

[32]   Pietsch W. (1953). Die Praxis der Stereo-Nahaufnahmen. Halle (Saale): VEB Wilhelm Knapp Verlag.

[33]   Pietsch W. (1959). Stereophotographie – Die theoretischen Grundlagen der Stereoskopie. Halle an der Saale: Photokino-Verlag.

[34]   Scheffer W. (1914). Anleitung zur Stereoskopie. Berlin: Union Deutsche Verlagsgesellschaft.

[35]   Scheidel A. J. (2009). Stereoskopie in Bild und Video – Möglichkeiten, Anwendungen und Grenzen des räumlichen Sehens. Diplomarbeit, Universität Mainz.

[36]   Tauer H. (2010). Stereo 3D. Berlin: Schiele & Schön.

[37] Vierling O. (1957/58). Stereophotographie mit der Contax, der Contaflex und der Contina. Photographie und Forschung 7, 193-224.

[38] Vierling O. (1965). Die Stereoskopie in der Photographie und Kinematographie. Stuttgart: Wissenschaftliche Verlagsgesellschaft.

[39] Waack F. (1985). Stereofotografie, 4. erweiterte Auflage. Berlin: Selbstverlag.

[40] Waack F., Kemner G. (Hrsg.) (1989). Einführung in Technik und Handhabung der 3-D-Fotografie, Stereoskopie. Berlin: Museum für Verkehr und Technik.

[41] Baccei T. (1994). Das Magische Auge, Dreidimensionale Illusionsbilder von N. E. Thing Enterprises. München: ars Edition.

[42] Bartl R., Bartl K., Ernstberger A., Schwartzkopff P. (1994). Pep Art. 3-D-Bilder der neuen Art. München: Südwest Verlag.

[43] Grossman M. (2003). The Magic Eye, Volume I. Riverside: Andrews McMeel Publishing, 2003.

[44] Hecht E. (2005). Optik, 4. Auflage. München: Oldenbourg Wissenschaftsverlag.

[45] Helmholtz H. von (1910). Handbuch der physiologischen Optik, Band 3, 3. Auflage. Hamburg/Leipzig: Leopold Voss-Verlag.

[46] Hennemann U. (1999). Theoretische und praktische Ansätze der Stereofotografie. Wissenschaftliche Prüfungsarbeit, Universität Koblenz.

[47] Klette R. (2014). Concise Computer Vision. London: Springer.

[48] Schuster G. (1998). Grundzüge und Theorie der Wahrnehmungspsychologie. Wiesbaden: Grin-Verlag.

[49] Siebenborn U. (1994). Interactive Picture. Köln: Taschen-Verlag.

[50] Steffen K. (2008). Evaluation und Realisierung von stereoskopischen Darstellungsverfahren für das Bildsprache LiveLab (BiLL). Diplomarbeit, Technische Universität Dresden.

[51] Steinman S. B., Steinman B. A., Garzia R. Ph. (2000). Foundations of Binocular Vision: A Clinical Perspective, New York: Mc Graw-Hill Medical.

[52] Wolff D. (1998). Bilder – zum Greifen nah. win 12, 210-212.

[53] Sturm R. (2016). Stereoskopie in Mathematik und Naturwissenschaften. Göttingen: Cuvillier.

[54] Sturm R. (2019). Die Stereofotografie antiker Skulpturen. Norderstedt: Books on Demand.

[55] Sturm, R. (2017). Stereoskopische Techniken in der Archäologie. Berlin: Logos.

[56] Sturm R. (2018). Stereofotografie in der Elektronenmikroskopie. München: Grin-Verlag.

[57] Baatz W. (2008). Geschichte der Fotografie, Ein Schnellkurs. Köln: Dumont-Verlag.

[58] Pollack P. (1962). Die Welt der Photographie. Wien, Düsseldorf: Econ-Verlag.

[59] Seelmann M. (2008). Geschichte der Fotografie. München: Grin-Verlag.

[60] Senf E. (1989). Entwicklungsphasen der Stereofotografie. In: Kemner G., Stereoskopie. Technik, Wis-

101

senschaft, Kunst und Hobby. Berlin: Museum für Verkehr und Technik, 2-25.

[61] Stenger E. (1937). Zur Geschichte der Stereokamera. Diessen am Ammersee: Raumbild-Verlag Otto Schönstein.

[62] Bergling C. E. (1896). Stereoskopie für Amateurphotographen. Berlin: Robert Oppenheim (Gustav Schmidt).

[63] Brewster D. (1856). The stereoscope: It's history, theory and construction. London: J. Murray.

[64] Coe B. (1978). Kameras. Stockholm: Nordbok, 1978.

[65] Coe B. (1986). Das erste Jahrhundert der Photographie 1800-1900. Bindlach: Gondrom, 1986.

[66] Hartwig Th. (1907). Das Stereoskop und seine Anwendungen. Leipzig: B. G. Teubner Verlag, 1907.

[67] Mittag R. (1904). Anleitung zur selbständigen Herstellung eines Stereoskops. Ravensburg: Verlag von Otto Maler.

[68] Ruete Ch. G. Th. (1867). Das Stereoskop: Eine populäre Darstellung, 2. Auflage. Leipzig: Teubner.

[69] Schilling O. (1910). Handbuch der Stereoskopie. Leipzig: Ed. Liesegang's Verlag.

[70] Stolze F. (1894). Die Stereoskopie und das Stereoskop in Theorie und Praxis. Halle (Saale): VEB Wilhelm Knapp Verlag.

[71] Wheatstone Ch. (1838). Contributions to the Physiology of Vision, Part the First, On Some Remarkable, and Hitherto Unobserved, Phenomena of Binocular Vision. Philosophical Transactions of the Royal Society of London 128, 371-394.

L

[72] Bauer R., Graf E. (2007). Karl Valentins München. München: Diederichs.

[73] Senf E. (1984). Das Original-Kaiser-Panorama – Zur Ausstellung „Das Kaiserpanorama". Berlin: Berliner Festspiele GmbH.

[74] Burkhardt R. (1989). Photographie und Stereoskopie als Grundlagen der Photogrammetrie. In: Kemner G., Stereoskopie. Technik, Wissenschaft, Kunst und Hobby. Berlin: Museum für Verkehr und Technik, 33-48.

[75] Lorenz D. (1987). Das Stereobild in Wissenschaft und Technik. Ein dreidimensionales Bilderbuch. Hückelhoven: Rita Wittig Fachbuchverlag.

[76] Lorenz D. (1989). Die Stereobild- und Stereomeßtechnik in der Meteorologie. In: Kemner G., Stereoskopie. Technik, Wissenschaft, Kunst und Hobby. Berlin: Museum für Verkehr und Technik, 61-70.

[77] Lorenz D., Miller M. (1991). Das 3-D-Wolken Buch. Einführung in die Wetterkunde mit dreidimensionalen Wolkenbildern. Hückelhoven: Rita Wittig Fachbuchverlag.

[78] Widmayer J. (1932). Anwendungsgebiete der Stereophotographie. Der Stereoskopiker 9, 33-34.

[79] Börner R. (1989). Vom Linsenraster zur 3-D-Fernsehbildwiedergabe. In: Kemner G., Stereoskopie. Technik, Wissenschaft, Kunst und Hobby. Berlin: Museum für Verkehr und Technik, 79-87.

[80] Klein A., Weiland F., Bode R. (1994). 3D – aber wie! Von magischen Bildern zur 3D-Fotografie. Haltern: Bode-Verlag.

[81] Knorr S. (2009). Synthese stereoskopischer Sequenzen aus 2-dimensionalen Videoaufnahmen. Saarbrücken: Südwestdeutscher Verlag für Hochschulschriften.

[82] Lehrle K. (1953). Deutscher Raumfilm. Photo Magazin 10, 46-47.

[83] Richard J. (1993-2007). Magie du Relief, 3 Bde. Paris: Prodiex.

[84] Sander R. (1995). Der kleine Hobbit und das Autostereogramm. Spektrum der Wissenschaft 1, 10-15.

[85] Selle W. (1952). Neue Stereosysteme. Photo-Magazin 11, 56-58.

[86] Selle W. (1953). Kleinbild-Stereoskopie. Seebrück am Chiemsee: Hering-Verlag.

[87] Hasselwander A. (1954). Die objektive Stereoskopie an Röntgenbildern. Eine diagnostische Methode. Stuttgart: Thieme-Verlag.

[88] Helmcke J. G. (1989). Mikroorganismen stereoskopisch betrachtet. In: Kemner G., Stereoskopie. Technik, Wissenschaft, Kunst und Hobby. Berlin: Museum für Verkehr und Technik, 71-78.

[89] Seeger E. (1978). Der Stereoröntgenkomparator ZEISS StR 1-3 – ein analytisches System zur räumlichen Ausmessung von Röntgenbildern. Biomedizinische Technik/Biomedical Engineering 23, 140-141.

[90] Sturm R. (2009). Mikrofotografie der Gehäuse fossiler Gastropoden aus der Paratethys. Mikrokosmos 98, 331-335.

[91] Sturm R. (2009). 3D photography of fossils: ammonites from the Northern Limestone Alps in Austria. Deposits Magazine 18, 10-13.

L

[92] Sturm R. (2015). Die Stereofotografie biologischer Objekte. Biologie in unserer Zeit 45, 52-55.

[93] Sturm R. (2016). Die Stereofotografie und ihre Nutzung zur Klärung wissenschaftlicher Fragestellungen. Mikroskopie 3, 86-100.

[94] Sturm R. (2017). Stereoskopische Methoden in Mathematik und Naturwissenschaften. Naturwissenschaftliche Rundschau 70, 168-174.

[95] Sturm R. (2017). Stereoscopic Photography in Transmitted Light Microscopy. Microscopy Today 27, 47-49.

[96] Sturm R. (2017). Cricket embryos in 3D. Micscape Magazine 6, 4.

[97] Sturm R. (2017). Use of stereophotography in insect science - methods and applications. Linzer biologische Beiträge 49, 1209-1218.

[98] Sturm R. (2018). Stereofotografie in der Elektronenmikroskopie – Teil 1: Entomologie. Mikroskopie 5: 66-72.

[99] Sturm R. (2018). Stereofotografie in der Elektronenmikroskopie – Teil 2: Mikropaläontologie. Mikroskopie 5, 129-136.

[100] Sturm R. (2018). Stereofotografie in der Elektronenmikroskopie. Teil 3: Kristallografie. Mikroskopie 5, 188-199.

[101] Sturm R. (2018). Stereoskopische Untersuchung der Spermatophore von Männchen der australischen Feldgrille (Insecta, Orthoptera). Articulata 33, 13-20.

[102] Sturm R. (2018). Stereoscopic light-microscopy in biology — A review. Linzer biologische Beiträge 50, 1697-1705.

105

[103] Sturm R. (2018). Stereophotography of malacological objects. Linzer biologische Beiträge 50, 723-731.

[104] Sturm R. (2019). Stereofotografische Dokumentation der Embryogenese bei *Teleogryllus commodus* Walker, 1869 (Orthoptera). Entomologische Zeitschrift 129, 243-246.

[105] Sturm R. (2019). Stereoskopische Photographie von Weichtieren. Naturwissenschaftliche Rundschau 847, 5-9.

[106] Sturm R. (2019). Mikroskopischer Einblick in die faszinierende Welt der Schneeflocken. Mikroskopie 6, 1-9.

[107] Sturm R. (2018). Stereoscopic Effects from Single SEM Images. Microscopy Today 28, 34-39.

[108] Raap E., Cypionka H. (2011). Vom Bilderstapel in die dritte Dimension: 3D-Mikroaufnahmen mit PICOLAY. Mikrokosmos 100, 140-144.

[109] Cypionka H., Völcker E., Rohde M. (2016). Stacking-Programm PICOLAY – Erzeugung virtueller 3D-Bilder mit jedem Lichtmikroskop oder REM. BIOSpektrum 22, 143-145.

*Alles was zählte, spielte sich auf der sich auflö-
senden Linie zwischen Land und Wasser ab mit
der Folge einer bis an die Grenzen des Faßlichen
schwellenden wirklichen Länge.*

Volker Erbes

© 2020
Herstellung und Verlag:
BoD – Books on Demand, Norderstedt
ISBN: 978-3-7504-9796-2